"十四五"职业教育国家规划教材

国家林业和草原局职业教育"十三五"规划教材

U0237418

林业 GIS 数据处理与应用

亓兴兰　主编

中国林业出版社
China Forestry Publishing House

内容简介

　　本书立足于林业生产实际，阐述理论的同时，偏重实践操作，以任务实施为载体，着重解决林业生产实际中的应用问题。全书分为4个单元11个项目，主要内容包括：林业GIS应用基础、GIS基础操作、林业GIS空间数据库的创建和管理、林业GIS数据空间参考与变换、林业GIS空间数据的采集与编辑、林业GIS空间数据检查、林业GIS空间数据图层处理、林业GIS数据空间分析、地图制图与输出、林业专题地图制作应用、林业GIS数据与其他数据转换应用等，基本涵盖林业GIS生产应用的方方面面，并给出详细的操作步骤。

　　本书内容新，体例新，强调实用性和技巧性，注重培养学生的实践操作能力、职业能力，便授学生学习，可作为高职院校林业技术类专业教材，也可作为林业行业及相关专业从业人员的培训用书与参考书。

图书在版编目（CIP）数据

林业GIS数据处理与应用/亓兴兰主编．—北京：中国林业出版社，2018.8（2024.12重印）
"十四五"职业教育国家规划教材　国家林业和草原局职业教育"十三五"规划教材
ISBN 978-7-5038-9427-5

Ⅰ.①林…　Ⅱ.①亓…　Ⅲ.①地理信息系统－应用－林业－高等职业教育－教材
Ⅳ.①S717

中国版本图书馆CIP数据核字（2018）第024090号

国家林业和草原局生态文明教材及林业高校教材建设项目

中国林业出版社·教育出版分社
策划编辑：吴　卉　肖基浒
责任编辑：肖基浒　高兴荣
电话/传真：(010)83143611/83143516

出版发行　中国林业出版社(100009　北京市西城区德内大街刘海胡同7号)
　　　　　E-mail：jiaocaipublic@163.com
　　　　　电话：(010)83143500
　　　　　http://lycb.forestry.gov.cn
经　　销　新华书店
印　　刷　河北京平诚乾印刷有限公司
版　　次　2018年8月第1版
印　　次　2024年12月第7次印刷
开　　本　787mm×1092mm　1/16
印　　张　15.75
字　　数　380千字
定　　价　38.00元

数字资源

前　言

GIS 由于其海量数据处理能力及强大的空间分析能力，在森林资源数据管理中发挥了不可替代的作用，应用越来越广泛且深入，同时，林业生产对 GIS 新技术的需求也越来越迫切。因此，在高职院校林业类专业开设"林业 GIS 数据处理与应用"课程是非常必要的。

"林业 GIS 数据处理与应用"是高等职业技术学院林业类专业的一门核心专业课，在林业类专业人才培养过程中起着承上启下的支撑作用，对学生职业能力和职业素养的提高有明显的促进作用，是一门以林业行业需求为目标，以任务驱动、项目导入为方式的创新课程。

关于 GIS 的教材，目前已有很多的成果，主要是侧重于基础理论以及普适性的介绍，适用对象为本科及研究生教育。针对高职学生国内林业及相关专业生产实际的操作化的 GIS 教材的还没有。

针对上述情况，本书编者立足于林业生产实际，以需求为导向，以任务为目标，以操作为主线，在福建省全省国有林场与资源站专业技术人员的培训基础上，走访调研林业系统 GIS 应用现状，融合技术服务的多层次需要，针对技术服务中遇到的问题，结合目前企事业单位的生产实际需要，编写了此书。全书按照 GIS 技术在林业生产中的应用，基于林业数据处理流程，由浅入深，在内容安排上分为 4 个单元 11 个项目 40 个任务，每个任务都有详细的操作步骤，注重于解决实际问题，每个任务既相互独立又相互联系，有利于学生的融会贯通。本教材建议总学时建议 60 学时，实习一周。

本书在 GIS 技术应用的框架体系下，把目前生产实际需要的特别是林业生产亟需的及未来发展需要的 GIS 技术整合为任务和案例，把日常工作所需的应用糅合整理为一个个任务，以具体的任务为载体，具有详细的操作步骤，使教材更有针对性、新颖性、实用性、技巧性、全面性和实战性，避免理论的泛泛而谈和工具的简单罗列，有利于学生消化吸收与实际问题解决，满足岗位实践需要，更适合高职学生的应用。另外，本书也可以作为林业行业及相关从业人员的培训用书与工具书。

本书在编写过程中，参考了前人的很多学术成果，三明学院郭孝玉老师和福建林业职业技术学院柯德森老师提出了很多参考意见，中国林业出版社对本教材的出版付出了大量辛勤的劳动。在此，一并表示深深的谢意。

由于作者水平有限，书中难免有错误、不足和疏漏之处，恳请读者批评指正。

编　者
2017 年 10 月

目录

单元三 林业 GIS 制图与输出

单元四 林业 GIS 数据与其他数据转换及应用

单元一
林业 GIS 应用基础

随着信息技术的发展及在各行业领域应用，地理信息系统（Geographic Information System，GIS）在林业上的应用也越来越广泛，可以用于造林规划设计、森林防火、森林资源档案与信息管理、资源与环境的变化监测、森林动态监测、规划决策服务等。林业 GIS 的应用逐渐代替了传统的森林资源信息管理方式，成为现代林业经营管理的新工具。ArcGIS 是世界领先的、应用领域最广及用户群体最大的 GIS 软件平台，在林业上也得到了广泛应用。本单元包括 2 个项目、6 个任务，主要简单介绍 GIS 及其在林业上的应用，以及 ArcGIS 应用的基础操作。

项目 1 GIS 应用基础

GIS 由于其海量数据处理能力及强大的数据分析能力，在林业上得到广泛应用，主要用来进行森林资源数据库的管理及分析等。本项目内容属于认知内容，设置两个任务，包括认识 GIS 和 GIS 在林业上的应用。通过两个任务的知识准备介绍，熟悉 GIS、了解 GIS 在林业上的应用等内容。

【学习目标】

1. **知识目标**

（1）了解 GIS 的概念及其组成

（2）熟悉 GIS 的特点

（3）了解 GIS 的类型及其派生系统

（4）掌握 GIS 的组成

（5）熟悉 GIS 在林业生产中的应用

2. **技能目标**

（1）能够认知 GIS 并熟悉其特点及功能应用

（2）掌握 GIS 在林业生产中的应用并灵活应用于生产实际

任务 1.1 认识 GIS

【任务描述】

GIS 作为获取、处理、管理和分析地理空间数据的重要工具，近些年得到迅猛发展和广泛应用。本任务将从 GIS 的概念、组成、类型及其特点功能等方面介绍 GIS。

【知识准备】

（1）GIS 的概念

①数据与信息

a. 数据　指描述某一特定目标的原始材料，其形式包括数字、文字、符号、图形、影像等。数据是用以载荷信息的符号。

b. 信息　指用介质表示事物和现象的性质、特征和数量。具有客观性、实用性、可传输性和共享性，它表征了事物特征的一种普通形式。也可以理解为经过计算机处理过的数据就是信息。

例如，卫星云图数据经过气象科技工作者处理和分析后，就能提供未来天气的信息。

②系统与信息系统

a. 系统　指为实现统一目标由具有特定功能和相互联系，又有区别的许多要素所构成的一个整体。系统是相互联系、相互制约、相互作用的事物和过程，按一定的法则组成的具有特定功能的综合体。

b. 信息系统　指具有处理、管理和分析数据能力的系统。它能够为特定目标的决策过程提供有用的信息。在计算机时代，重要的信息部分或全部由计算机系统实现。

例如，目前流行的图书情报信息系统、人事档案管理信息系统、财务管理信息系统、资源与环境信息系统等。

③地理信息与地理信息系统

a. 地理信息　指地理学与信息技术的综合，是有关地理实体的性质、特征和状态的表达。

b. 地理信息系统(GIS)　作为一个科技术语最早出现于 1963 年，由加拿大测绘学家 R. F. Tomlimon 首先提出。由于 GIS 的应用越来越广泛，随之而来对 GIS 出现了不同的理解，英国 GIS 与自动制图学家 D. Rhind 曾这样描述："如果问 100 个人，什么叫作 GIS，也许会有 99 种答案"。在众多的各式各样的 GIS 定义中，可以归纳为 4 种类型，或者是 4 种观点。

地图派　将 GIS 看成地图处理或显示系统，每个数据代表一个图。图像通常是栅格格式，通过加减和查询操作后，产生另一个图像。地理制图和专业制图者支持这种观点，并把 GIS 的重点放在能产生高质量矢量地图和图表功能方面。

数据库派　认为完整的数据库管理系统是 GIS 的核心。数据库派常忽视了多种类型的地理数据进行的复杂分析及其应用。

空间分析学术派　强调空间分析的重要性，侧重于分析和模拟，把 GIS 空间分析看成是 GIS 应用的重要领域。

GIS 的应用派　把 GIS 作为处理全球性科学问题的技术。应用是 GIS 的生命线，以应用促发展。

国际测量师联合会将 GIS 定义为："一个协助发展与规划及作出决定的工具"。

美国环境信息系统研究所(ESRI)认为："GIS 是一个由计算机硬件、软件、地理数据以及专家设计组成的，具有有效地获取、存贮、增加、操作、分析、显示各种各样地理信息应用的有组织的集合体。"

《遥感大辞典》(陈述彭主编)给 GIS 定义为："在计算机软件支持下，把各种地理信息按空间分布或地理坐标，以一定格式输入、存贮、查询、检索、显示和综合分析应用的技术系统。"综上所述，GIS 概括为：数字形式的地理数据输入、处理和应用的技术系统，进一步简化为：地理数据管理和分析的应用技术。

(2)GIS 的特点

①公共的地理基础　GIS 的空间分析功能源于透明薄膜图的叠置处理，以实现数据的组合和综合。在 GIS 中输入地形图、水系图、土地利用图、公路图等专题地图信息，既可就某项专题信息进行处理，也可将两幅或多幅图的信息叠置起来进行综合分析和处理(图 1-1)，这一功能的实现是建立在公共的地理基础之上的。我们可以认为是由一些相关数据层构成的(图 1-2)。

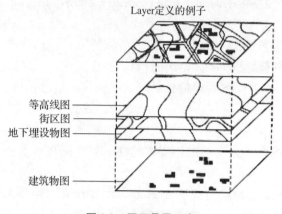

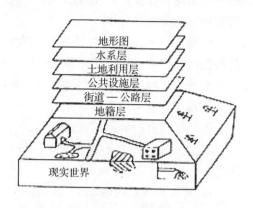

图 1-1　图层叠置示意　　　　　图 1-2　现实世界数据层示意

②数字化　由于数据的来源多种而广泛，原始数据的形式多种多样。有统计数据、图件数据、图像数据和文字资料等。需要按一定的格式进行分级分类，使图形数字化，文字代码化，以便计算机处理。

③多维结构　通常 GIS 主要是研究地球表层的若干要素的空间分布，属于三维空间。一般经常将数字高程模型称为三维空间，如果加上时间坐标的 GIS 称为四维 GIS 或者动态 GIS。

GIS 主要是通过空间实体的空间位置与空间关系来进行处理的，当然也可以通过它们的属性。最近提出的 5 维结构，即空间(X，Y，Z)三维、时间(T)作为第 4 维、属性(A)作为第 5 维，这是对多维结构的全面而完整的表达。

④时序特点　GIS 具有明显的动态变化特征，这种动态变化按时间尺度可分为：超短期的，如森林火灾、台风；短期的，如洪水、季相；中期的，如土地利用、森林植被覆盖；长期的，如水土流失、城市化；超长期的，如地壳变形等。GIS 的时序特征，一方面要求数据及时，定期更新；另一方面积累这种变化过程，以便于预测预报和科学决策。

⑤空间运算能力　在不同的数据层中，GIS 具有可进行空间操作的能力，我们知道许多被应用的软件包，如统计软件 SAS、CAD 软件等也能处理简单的地理空间数据，但是只有 GIS 具有数据的空间操作能力，如空间查询、空间叠加等。此外，GIS 可进行数据连接，可将不同的数据集进行匹配连接。

⑥分析决策功能　GIS 并不是一个简单的仅能用于制图的计算机系统，虽然它也能以不同的比例尺，不同的投影形式，不同的颜色绘制并输出地图。但是 GIS 最主要的应用，即它是一个分析工具，其最主要的功能是在不同的特征之间确定它们的空间关联。例如，一条公路由中心线来描述，这种情况下，这条路除一条线段外不会提供你其他信息，因此为了获得更多的相关信息，你可以从数据库中查询到有关这条路的类型、宽度等内容。然后根据所需要显示的信息类型，生成一幅特定符号表示的道路图。

GIS 并不拥有地图或图像，它们拥有的是数据库。而数据库是 GIS 的灵魂，是 GIS 与其他一些图形输出绘图软件的主要区别。可以这么说，GIS 是与数据管理系统结合在一起的。

（3）GIS 的类型

①按内容综合程度划分

a. 综合性 GIS　主要以综合研究和全面信息服务为目标的系统。例如，日本国土信息系统，加拿大国家地理信息系统，中国的自然环境综合信息系统等。综合性的 GIS，便于信息共享。

b. 专题性 GIS　以某一专题任务和内容为主要对象的系统。例如，水土流失信息系统，土地质量评价信息系统等。专题性 GIS 的特点表现在系统的功能和目标，是通过专门的信息流及时处理和分析来实现的，系统具有专用的性质。

②按学科专业划分

a. 按学科专业为主攻方向的 GIS　例如，美国地震数据分析系统（SEDAS），水质信息系统（STORET），森林管理信息系统（TIMERRAK），海洋信息显示分析系统（MIDAS）等。

b. 按学科专业为对象的 GIS　其中与林业有关的通常包括土地 GIS、森林 GIS、生物量 GIS 和环境 GIS。

③按区域范围划分　GIS 的区域范围可分为地方性（如县、市）、流域性、国家级和地区性乃至于全球性的 GIS。不同区域的 GIS，数据信息的详细程度各不相同。区域范围越小，信息越详尽，范围越扩大，信息概略越宏观。

（4）GIS 的派生应用系统

近年来，数字地球、数字中国和数字城市受到了广泛的关注。无论是数字地球、数字中国还是数字城市，其核心都是数据和基于数据的服务。这里的数据不仅包括数据的管理与分发、数据的生产和更新等。

它涉及的信息系统主要包括 GIS（地理信息系统）、MIS（管理信息系统）、OA（办公自动化）、AM/FM（自动设备管理）、CAD（计算机辅助设计）和网络等系统的设计、开发、集成与实施等方方面面。

①城市地理信息系统 UGIS（Urban GIS）　UGIS 是地理信息技术（包括地理信息系统 GIS、遥感 RS、全球定位系统 GPS，统称"3S"技术）及其他相关信息技术在城市政府、企业的管理与决策及市民社会生活中的应用。数字城市使城市信息化，最终表现为政府管理与决策的信息化（数字政府）；企业管理、决策与服务的信息化（数字企业）；市民生活的信息化（数字城市生活），即数字城市。

a. 城市规划、建设与管理　城市交通、土地、水资源、能源、灾害管理和决策的水平急需改善和提高。为寻求解决这些问题的对策，广大城市规划师和城市决策者迫切希望能够更完整、准确和全面地把握城市及其周边环境的动态空间特征。

b. 城市化与城市可持续发展　城市化是社会经济发展的必然趋势，它将给社会发展带来新的机遇。从而提高我国的总体国力和现代化水平，但城市化同时也将带来一系列问题，如空间布局混乱、人口膨胀、环境危机、资源危机、耕地浪费、交通堵塞、灾害加剧和人居质量恶化等。为缓解这些危机，必须及时准确掌握相应空间信息。

c. 城市住宅产业发展　包括在社区和住宅的规划设计、建设以及住宅营销和物业管理等方面。

d. 城市社会与公众服务　基于城市空间信息的服务，可为企业、公安、消防、金融、保险、通讯等行业提供信息服务；也为社会公众提供开放性的资讯服务，从而改善和提高人们的生活质量与效率。

国内城市 GIS 经过十多年的发展，可以说在国内建立的各种 GIS 系统中，城市 GIS 占了最多。如城市规划管理、城市土地管理、城市空间基础设施管理、城市环境管理、城市供水和水资源管理、城市电力电信设施管理、城市交通管理等。

综上所述，UGIS 主要由政府 GIS、企业 GIS、社会 GIS 构成，它们通过网络联成一整体，实现资源共享。其理论和结构体系与一般 GIS 相同，但它更强调网络化、多元信息、数据规范化、系统安全保密、空间分析和专家决策机制。

②政府地理信息系统 GGIS（Government GIS）　政府地理信息系统，用于实现政府管理和决策的信息化。根据分析数据，政府机关进行检索和分析决策的政务信息中，有85%以上的信息与空间有关。

在我国 GGIS 的代表工程是 9202 工程，即国务院综合国情地理信息系统，作为国务院系统的业务管理和宏观分析决策的辅助工具。用于建立基于 Intranet 的分布式决策系统。

③企业地理信息系统 EGIS（Enterprise GIS）　企业 GIS 促使企业管理、决策、服务的信息化，企业 GIS 所需数据，尤其是基础地理数据主要来源于政府 GIS，这将有利于政府 GIS 直接经济效益的产生，从而推动政府 GIS 的发展。而政府 GIS 的发展反过来将促进企业 GIS 的发展。

a. 企业设施管理问题　通过建立企业的设施管理 GIS，企业可从设施空间分布的角度了解设施的状况，摸清家底，提高企业设施管理和维护的效率，充分合理地利用各种设施，优化服务，节约成本，从而产生经济效益。虽然，目前企业设施管理 GIS 应用水平不高，但随着国内设施管理 GIS 技术的成熟，它将成为城市 GIS 的主要增长点。

b. 商业管理与决策问题　GIS 作为一种空间分析与决策技术，可用于商业管理与决策，如在商业网点布设、物流管理、客户关系管理（CRM）、电子商务中发挥作用。GIS 有助于企业了解客户需求、合作伙伴、资源、商业竞争对手等商业要素的空间分布及规律，为企业管理与决策提供依据，提高企业的服务质量、效率与水平，使企业在竞争中立于不败之地。

目前，这方面的应用在国内尚属空白，但在国外已经有较多的应用，并形成了商业地理分析这门技术。尽管，目前企业设施管理 GIS 水平不高，但它将成为 UGIS 的主要增长点。

④社会 GIS　表现为市民生活的信息化，20 世纪 90 年代后期，随着城市 GIS 应用领域的拓宽，同时社会对 GIS 认识的加深。一些 GIS 公司开始开发集软件与数据于一体的城市电子地图光盘，如《北京通》《广州之窗》，为市民和游客在城市中的衣、食、住、行提供方便，这些光盘可进一步发展成为汽车导航以及商务地理分析的工具。

⑤军事地理信息系统 MGIS（Military GIS）　军事行动都是在一定的地理环境中进行的，地理环境对军事行动有着极其重要的影响与作用。随着信息技术的发展，未来高技术战争中信息对抗的含量将越来越高，出现了数字化战场。数字化战场建设已成为未来战场发展的主流，建设数字化战场和数字化部队已成为 21 世纪军队发展的大趋势，引起了各国的

普遍关注，作为空间军事信息保障的军事 GIS 已成为现代化军事斗争的一项重要内容。

军事 GIS 是 GIS 技术在军事方面的应用，是指在计算机软硬件的支持下，对军事地形、资源与环境等空间信息进行采集、存储、检索、分析、显示和输出的技术系统。它在军事地理信息保障和指挥决策中起着重要的作用。

MGIS 的特点：用电子地图代替了笨重的模拟地图；DTM 模型等地形分析广泛应用；GIS 同其他系统集成的应用。

综上所述，目前 GIS 在技术发展上已同 IT 市场的主流技术融合，GIS 本身也从一个应用系统发展成为完整的技术系统并具有完整的理论体系。

(5)GIS 的组成

GIS 的组成包括硬件、软件、地理数据和人员机构四个部分。

①GIS 硬件设备　硬件设备是计算机系统中物理装置的总称，是 GIS 的物理外壳，主要包括以下组成部分。

a. 中央处理机　处理和存贮数字地图数据的主存贮器和外存设备。

b. 数据输入设备　图形数字化仪、图像扫描仪、键盘等。将资源环境数据输入计算机，并将模拟量转换成数字量。

c. 数据输出设备　图形图像显示器、绘图仪、打印机、硬拷贝机等。这些输出设备以不同方式显示分析处理结果。

d. 通信传送设备　除总线使主机和各外部设备相连外，在网络系统上实现地理数据的交换。

②GIS 软件模块　GIS 软件一般由三个层次构成，即通用软件、专用软件和应用软件。

目前世界上的 GIS 软件很多，其中我国用户比较熟悉的包括：ARC/INFO 系列、ERDAS IMAGINE、GRASS、MAPINFO、GENAMAP、ER MAPPER 等。

a. ARC/INFO　ARC/INFO 系列是美国环境系统研究所（ESRI），于 20 世纪 80 年代推出的 GIS 软件，分别在工作站和微机上运行，支持多种输入输出设备，并不断地研制推出新版本。ARC/INFO 是我国当前使用较广泛的 GIS 软件。ARC/INFO 在功能上可以分为两大部分：ARC 用来管理坐标信息；INFO 用来管理属性信息。系统功能的实现是通过由众多命令组成模块向用户提供不同的功能。ARC/INFO 在数据模型上，采用拓扑数据与关系数据相结合的混合式数据方式，空间数据与属性数据通过以内部代码和用户标志码作为公共数据项，以实现两者的联结。

b. ERDAS IMAGINE　ERDAS IMAGINE 是美国佐治亚州亚特兰大市的 ERDAS 公司研制，偏重于遥感图像处理的 GIS 软件。其软件处理技术覆盖了空间分析建模、图像处理、雷达数据处理、虚拟现实等功能。软件可以在 UNIX 和 WINDOWS 平台上运行。

c. GRASS　GRASS 是地理资源分析支持系统（Geographical Resource Analysis Support System）的简称。GRASS 是美国军事工程公司建筑工程研究所与美国土壤保持部土壤管理局、环境保护局等部门联合研制的多功能 GIS 软件。基于工作站 UNIX 平台，将栅格数据、矢量数据和遥感图像处理系统，融为一体以满足环境多方面的需要。同时开放源代码，易于扩充，有利于软件的进一步开发。

d. MAPINFO　MAPINFO 是美国纽约州 Troy 市 Mapinfo 公司推出的 GIS 软件。开发工

具是 MapBasic。这是一个以微机为主体的桌面 GIS，具有交互式的菜单界面。MAPINFO 推出后，由于易学易用，虽然制图功能不够强大，但二次开发能力强，又能与日常数据库相连接，因此发展较快。

e. Intergraph MGS(Modular GIS Environment)　Intergraph 公司是生产交互式图形计算机系统的公司，总部设在美国阿拉巴马州汉茨维尔市，在 50 多个国家设有分公司（包括中国）。该公司的典型 GIS 软件（MGE）是模块化、一体化的产品。

f. GENAMAP GIS　GENAMAP 是澳大利亚 GENASYS 公司开发的 GIS 软件产品，它基于 UNIX、WINDOWS 操作系统。功能较强，具有较好的一致性、开放性和可操作性，可应用于资源环境的监测管理。

g. Autodesk GIS　1997 年作为图形工业标准的 Autodesk 公司推出 GIS 系列产品 Auto-CAD Map、Autodesk Map Guide 和 Autodesk World。将 CAD、GIS 和数据库技术进行统一的、开放的、大众化集成。在 Auto CAD 环境中进行地图制作、建立管理和可视化 GIS 数据、基础设施管理。

h. ER MAPPER　ER MAPPER 是 20 世纪 90 年代初由澳大利亚 EARTH RE SOURCE MAPPING 公司，基于 UNIX 、WINDOWS NT/98/95 平台开发的。ER MAPPER 通过动态连接，对遥感、地理信息系统、数据库进行有效的集成。在软件上采用模块设计、算法概念贯穿处理过程。

i. MAPGIS　中国地质大学（武汉）信息工程学院在"七五""八五"期间研制开发的彩色地图编辑出版系统 MAPCAD，实现了彩色地学图件的输入、编辑、印刷出版全过程计算机化，大大促进了数字制图产业的发展。20 世纪 90 年代初，在 MAPCAD 软件开发的基础上，开始了 GIS 软件开发以及 GIS 应用系统的研究工作，现已研制成功的 MAPGIS 软件系统，其性能达到国际先进水平。MAPGIS 是我国自行开发、具有独立版权、功能齐全的一套实用地理信息系统，并被列入"九五"国家级科技成果推广项目。

j. 吉奥之星（GeoStar）　由武汉测绘科技大学 GIS 研究中心研制开发并于 1996 年正式推出的软件。该系统采用面向对象的空间数据库设计原理，以 C^+ 作为程序设计语言。该系统有三种版本。其一是在 WINDOWS 支持下运行的单人机或网络多用户系统；其二是在 WINDOWS NT 支持下的运行系统；其三是在 UNIX 操作系统和 WINDOWS 环境下的版本。吉奥之星具有图形数据与属性数据结合紧密，GIS 与遥感图像处理系统一体化性能较好的优点。

k. 城市之星（CityStar）　该软件是由北京大学遥感与地理信息研究所、城市与环境系和三秦信息技术公司联合研制的系统。该系统面向城市管理、地学及环境设计管理。提供中文操作界面及应用界面辅助生成系统，用户不需要软件编程，可直接建立空间模型和独立的管理系统，实现管理系统的二次开发。

l. WinGIS　中国林业科学研究院研制的 GIS 软件，不仅适用于林业，还可以用于工业、农业、水利、国土、环保等领域。WinGIS 包含图形输入、图形编辑、图形操作、综合查询、图例设计、图形输出、数表处理、数字地形分析等模块。

③地理数据　地理数据是 GIS 建立的资源基础，地理数据的获取与更新是 GIS 运行的前提。地理数据包括两大类：一类是空间数据，用来定义图形和制图特征的位置；另一类

是非空间数据，用来定义空间数据和制图特征的内容，例如，森林类型和野生动物。

地理数据采集和更新的主要途径：现有地图、遥感图像和野外采集。

④人员机构　机构是 GIS 的组织管理者，承担着 GIS 的设计、实施运行维护和应用。所以人员机构是 GIS 最重要的组成部分。机构一般包括人员配备、机构设置、运行体制、经费支持等。对于 GIS 的人员配备来说，由设计研制、维护操作和专业应用三部分人员组成。设计研制人员的任务是完成系统的设计与实现，需要有 GIS 软件设计开发能力与相关的背景知识。专业应用人员是系统研制的倡导者和系统应用的最终用户，大多数为专业部门和规划管理部门的决策人员，也包括一些科研教学人员。而维护操作人员则是设计研制人员与专业应用人员两者之间的纽带，承担着 GIS 系统的正常运行和应用效益的持续产出。所以，设计研制人员、维护操作人员和专业应用人员三者必须密切配合，协调一致才能使 GIS 正常运行。此外，在人员配备的基础上，需要设置相应的研究结构，并保证经费的支持。在机构、经费的保障前提下，同时需要有一个良好的运行体制，才能最大限度地发挥 GIS 的效益。

(6) GIS 的功能

①基本功能　GIS 的基本功能贯穿数据采集、分析、决策和应用的全过程，其中主要包括以下五个主要方面。

a. 数据输入与编辑　GIS 数据的输入和编辑是 GIS 研究的重要内容。目前可用于 GIS 数据采集的方法和技术很多，其中主要是手扶跟踪数字化仪，自动化扫描仪。

b. 数据操作　数据操作包括数据格式化、转化和概化。数据格式化是指不同数据结构的数据间交换，这是一种耗时、易错、需要大量计算的工作，应认真进行。数据转换包括数据格式转化和数据比例尺转换。数据的概化包括数据的平滑和特征集结等。

c. 数据存储与组织　这是一个数据集成的过程，也是建立 GIS 数据库的关键过程。在 GIS 的数据组织和管理中，最关键的是将空间数据与属性数据融合为一体。大多现行的是将两者分开存储，通过公共项来连结。

d. 查询统计　GIS 也和其他数据处理系统一样具有查询、检索、统计和计算的功能。

e. 显示　GIS 为用户提供了许多用于地理数据的工具，其表达形式既可以是计算机屏幕显示，也可以是诸如报告、表格、地图等硬拷贝图件，尤其是 GIS 的地图输出功能。有一个好的地图输出功能和良好的、交互式的制图环境，GIS 使用者才能设计和制作出高质量的图件。

②空间分析功能　空间分析是 GIS 的独到之处，也是 GIS 与计算机辅助设计系统、计算机辅助制图和数据库管理系统的主要区别所在。GIS 的空间分析功能包括空间特征的几何分析、网络分析、地形分析、数字图像分析和地理变量的多元统计分析等。GIS 空间分析最核心的问题是数字地形分析、叠置分析和缓冲区分析。

a. 数字地形分析　数字地形分析是以数字方式表示空间起伏的连续性变化。数字地形模型（Digital Terrain Model，DTM）或数字高程模型（Digital Elevation Model，DEM）就是这种连续变化的表面。数字地形分析的主要内容包括：等高线的生成与分析、地形要素的生成与分析、断面图分析、三维立体显示和计算等。

b. 叠置分析　当对同一地区、同一比例尺的几种多边形要素的数据文件进行叠置处理，从而产生具有多种属性的多边形或进行多边形范围的属性特征的统计分析，称为叠置分析。例如，将土壤图叠置在森林分布图上，就可以确定每个林区的土壤类型界线和面积。

c. 缓冲区分析　缓冲区分析是针对点、线、面实体，自动建立其周围一定宽度范围以内的缓冲区多边形。缓冲区的产生有三种情况：一是，基于点要素的缓冲，通常以点为圆心，以一定距离为半径的圆。二是，基于线要素的缓冲区，以线为中心轴线，距中心轴线一定距离的平行条带的多边形。三是，基于面要素多边界的缓冲区，向内向外扩展一定距离以生成新的多边形。缓冲区分析在林业资源管理，交通城市规划中有着广泛的应用。例如，河流、湖泊周围的天然林保护区的定界，自然保护区核心区与缓冲区的标定等。

③应用模型的构建方法　GIS 除了基本的数据编辑处理分析及基本的空间分析功能外，还提供构建专业模型的手段，如二次开发工具、相关控件或数据库接口等。

任务 1.2　GIS 在林业上的应用

【任务描述】

由于 GIS 能够提供空间数据库，并且具有海量数据处理能力及强大的空间分析能力，近年来在林业上得到越来越多的应用。作为现代林业经营管理的新技术，其从根本上改变了传统的森林资源信息管理的方式，在林业方方面面都得到了广泛的应用。本任务即基于此，从森林防火、森林结构调整、森林资源信息管理等方面介绍 GIS 在林业上的应用。通过知识准备，能够熟悉并领悟 GIS 在林业上的应用，并灵活应用于生产实际。

【知识准备】

由于林业具有生产的周期较长、森林成熟不确定性、森林资源再生性及其分布地域辽阔等特点，应用传统技术手段进行森林资源的经营管理工作，已经跟不上时代的步伐，并逐渐暴露出严重的弊端。因此，采用新技术（如 GIS 技术）使特定区域内林业经营管理实现数字化、集成化、智能化、网络化已成为必然趋势，为林业的可持续发展提供技术支撑，为林业现代化建设提供新的管理手段。

（1）林业 GIS 的发展概况

加拿大测绘学家 R. F. Tomlison, 于 1960 年首先提出了地图数字化管理分析的构思，并于 1962 年利用计算机进行森林分类和统计取得成功。后来在加拿大农业部的支持下，从 1963 年开始研制地理信息系统，并首先提出了地理信息系统这一术语，建立了世界上第一个 GIS。

①国外林业 GIS 的发展

a. 北美　从整个美国 GIS 来说，由于经济效益突出，而迅速发展成为一个产业，美国现有 GIS 方面的公司达 300 多家，比较有影响的为 40 多家。其中，一类是专门的 GIS 公司，如研制 GIS 软件 ARC/INFO 的加州环境信息系统研究所（ESRI）；另一类是航测遥感制图单位发展起来的公司，如地球资源数据分析系统公司（ERDAS）；再一类是兼营 GIS 的公司，如 IBM。美国应用 GIS 的部门比较多，其中林业部门是应用比较早的部门之一。

GIS 在林业方面主要应用于森林旅游规划、荒地质量评价、森林动态监测、土壤水文效益分析、造林规划设计、木材生产计划、林区道路选线和企事业内部管理等。林业 GIS 的应用不仅局限于林务局以及林业体系，其他部门如国家公园管理局，野生动物和渔业局，土地管理局，水土保持局，环境保护局等也从不同的角度应用 GIS。

加拿大不仅是 GIS 的发源地，也是林业 GIS 发展的先驱，自 1986 年起，关于 GIS 的专题学术讨论会每年定期举行，在一定程度上促进了林业 GIS 技术的发展。加拿大林业 GIS 具有深层次化、普遍化和外向型的特点。在加拿大，不列颠哥伦比亚、阿尔伯塔等省已经基本完成林业 GIS 建库并投入使用，其他省也在积极建库。此外，全国森林资源的统计也应用了 GIS，由国家林科所进行汇总。加拿大林业 GIS 的软件，不列颠哥伦比亚省的 PAM-AP 公司占主导地位，在数据更新、森林资源连续清查方面有比较深入的实际应用。

b. 西欧　林业 GIS 的发展，除北美外，西欧也很活跃，积极在境内外开展国际合作项目。例如，英国利用 GIS 进行景观生态分析，开展自然环境规划。比利时采用 GIS 进行城市土地利用规划和水土保持方面的监测研究。法国使用 GIS 进行森林资源监测，开展连续森林资源清查。欧共体遥感所（意大利），开展 GIS 合作项目。德国、荷兰在我国云南省的环保项目和自然资源管理项目中结合运用 GIS。

c. 东亚　东亚也是 GIS 发展比较活跃的地区之一，例如，联合国粮农组织亚太分部湄公河委员会，利用 GIS 进行湄公河流域植被保护。泰国利用 GIS 进行小流域治理规划和泰北自然改造计划等。此外，联合国粮农组织热带木材组织亚太数据库项目组，除为监测和保护热带雨林进行建库研究外，还力图在南亚地区为 GIS 学术组织之间发展联络和信息交流工作。1994 年，在我国举行了重大空间应用的部长级会议及高级官员会议，促进亚太地区遥感和 GIS 的发展。

②国内林业 GIS 的进展　我国的林业部门和其他部门一样，对于 GIS 技术经历了引进、试验和开发阶段。目前，国内 GIS 进入了一个快速发展的新时期。我国制定的"中国空间应用促进可持续发展行动计划"，GIS 与遥感同时作为协调环境保护与社会经济发展，制定可持续发展的数据基础和贯彻《21 世纪议程》的技术手段。近几年来，美国环境系统研究所（ESRI）还在北京定期举行 ARC/INFO 中国用户会议，特别是我国国产 GIS 软件评审工作的发展，都推动了 GIS 产业的发展及软件应用。目前 GIS 软件的生产单位已有 100 多家，其应用领域涵盖城市、土地环保和林业等部门，这些都为林业 GIS 的发展提供了基础条件。

近年来，我国林业工作者在林业资源管理工作中，越来越重视 GIS 的应用。例如，中国林业科学研究院等单位，在三北防护林遥感调查中，应用有关 GIS 进行遥感图像分析和建立成图数据库。林业部调查规划设计院建立了国家森林资源清查数据库，为国家森林资源管理提供信息基础。西南林业大学与世界自然基金会（WWF）合作，在云南西双版纳和迪庆州开展生物多样性保护的 GIS 项目。北京林业大学水土保持学院在山西朔州市平鲁利用 GIS 进行区域综合治理项目。

除了实际应用事例外，中国林业科学研究院资源信息所还研制了 WinGIS 软件。

我国林业 GIS 的课程设置和教学培训工作也受到各方面的重视。例如，1996 年林业部教学指导委员会，根据课程体系要面向 21 世纪的要求，确定增设该课题，并将课程名称规范为"林业 GIS"。此外，北京林业大学等院校设置森林资源信息专业，西南林业大学等单位举办了 GIS 培训班，并且培养了 GIS 方向的研究生。

我国林业 GIS 的发展不是单科独进的模式，而是与遥感密切结合相互衔接，使之一体化。遥感作为 GIS 的实时信息源，GIS 又作为遥感与相关数据信息的复合。两者互为补充，互相促进，共同提高和发展。

为了进一步提高我国林业 GIS 的水平，还需要加强林业 GIS 应用工作的开发，搞好林业各学科与 GIS 的接轨。GIS 具有多样化的特点，要形成各学科的互补、渗透，向集成化、标准化和智能化方面发展。林业是应用遥感技术比较有基础的部门，通过我们的努力，也一定会成为应用 GIS 比较有成效的部门，使林业资源的调查规划，经营管理工作更加信息化、自动化和现代化。在步入可持续发展林业道路的上大力促进 GIS 的发展，开创信息时代林业新局面。

（2）林业 GIS 应用

GIS 在林业生产领域的应用，国外起步较早。加拿大于 1963 年正式开始研制 GIS。20 世纪 80 年代，加拿大在林业部门开始进行大范围的 GIS 应用。

GIS 在林业上的应用过程大致分为 3 个阶段：

第一，作为森林调查、数据管理的工具　主要特点是建立地理信息库，利用 GIS 绘制森林分布图及产生正规报表。GIS 的应用主要限于制图和简单查询。

第二，作为资源分析的工具　已不再限于制图和简单查询，而是以图形及数据的重新处理等分析工作为特征，用于各种目标的分析和推导新的信息。

第三，作为森林经营管理的工具　主要在于建立各种模型和拟定经营方案等，直接用于决策过程。

①建立森林资源基础数据库

a. 建立基础地图整理和空间数据库　包括自然资源地图（森林分布图、林相图、病虫害图、年降水量图、日照量分布图、土壤分布图）、自然地理地图（地形图、水系图等）、社会经济地图（交通图、木材加工分布图）、森林经营地图（林业区划图、森林资源评价图）等。

b. 建立属性数据库　每个小班调查卡片为数据库中的一个记录，经输入、检查、修改，建成小班调查因子数据库和样地调查数据库。

②森林资源管理和评价

a. 林业土地利用变化监测　林业土地变化表现在林地类型和林地面积两方面。

GIS 借助于地面调查或遥感图像数据，实现了地籍管理，将资源变化情况落实到山头地块，并利用强大的空间分析功能，及时对森林资源时空序列、空间分布规律和动态变化过程作出反应，为科学地监测林地资源的变化、林地增减原因、掌握征占林地的用途和林地资源消长提供了依据。

b. 森林资源动态管理　建立县级森林资源连续清查和二类调查数据库系统，完善了森林资源档案，并根据实际经营活动情况及生长模型及时更新数据，为及时准确地掌握森林资源状况和消长变化动态，提供了依据。

空间数据与属性数据的有机联结实现了双向查询。①根据图形查询相应的属性数据。

如通过林班或小班图形查询其相应的调查或统计数据。②按照属性特点查找对应的地理坐标或图形。查询结果以专题图、统计图表等方式输出。

c. 地理空间分布　利用 GIS 的数字地形模型（DTM）、数字高程模型（DEM）、坡位、坡面模型等，表现资源的水平分布和垂直分布，对各类基础数据进行叠加，以及区域和邻边分析等操作，产生各种地图显示和地理信息，用于分析林分、树种、林种、蓄积等因子的空间分布。

使用这些技术，研究各树种在一定范围内的空间分布现状与形式，根据不同地理位置、立地条件、林种、树种、交通状况对现有资源实行全面规划和结构优化，确定空间利用能力，提高森林的商品价值。

d. 林权管理　权属分国家、集体、个人 3 种形式，不同权属的森林实行"谁管谁有"原则。大部分权属明确、权清晰、界线分明、标志明显，山林权与实地、图面相符。少数地方界线难以确定，可用邻边分析暂时划定未定界区域，从而减少或避免各种林权纠纷。

③森林结构调整

a. 林种结构调整　用缓冲分析方法进行河岸防护林、自然保护区、林区防火隔离带等公益林的规划，确定防护林的比例和相应的分布范围。

根据森林资源分布状况和自然、社会经济分布特点以及社会经济需求进行空间属性分析，可以确定不同林种（用材林、经济林、制装林、生态防护林、风景林、水源涵养林等）的布局。

b. 龄组结构调整　一方面，根据森林资源可持续发展的需要利用地形地貌、立地条件分布特点，结合林木生长各个阶段的经济和生态效益，利用 GIS 和相关技术确定合理的龄组结构。另一方面，指定相应的森林时序结构的调整方案并落实到具体的山头地块，在大力造林、绿化、消灭荒山的同时，按照龄组法调整龄组结构，加速林木成熟，使各龄组比重逐步趋向合理，充分发挥林地的生产潜力。

④森林经营

a. 采伐　借助于 GIS，制订详细的采伐计划，确定有关采伐的目的、地点、树种、林种、面积、蓄积、采伐方式和更新措施。制定采伐计划，制作采伐图表和更新设计。

b. 抚育间伐　利用 GIS 强大的数据库和模型库功能，检索提取符合抚育间伐的小班，制作抚育间伐图并进行合理株数模拟预测。

c. 造林规划　GIS 可通过分析提供森林立地类型图表，宜林地数据图表，适生优势树种和林种资料，运用坡位、坡面分析，按坡度、坡向划分的地貌类型结合立地类型选择造林树种和规划林种。

d. 速生丰产林、基地培育　结合 GIS 的空间地理信息和林分状况数据，依据模型提供林分状况数据如生产力、蓄积等值区划和相关数据，据此按林分生产力设计速丰林培育和基地建设。

e. 封山育林　封育区域的确定涉及地理地貌和社会经济及人为活动等因素。GIS 的分析设计可兼顾多种要素，采用 DTM 和森林分布图及各种专题图的叠加，区划出合理且更易实施的封育区域。

⑤林业资源信息管理

a. 省级林业 GIS 对上与国家级林业 GIS 衔接，对下连接市级（地区）林业 GIS，通过它可以直接检索和管理各市级（地区）、县（市）级林业的基本信息，为省级林业主管部门提供辅助决策工具。

b. 市级（地区）林业 GIS 直接检索和管理县级、乡级的林业基本信息，作为市级（地区）林业主管部门的辅助决策工具。

c. 县级林业 GIS 落实到乡、村以及小班地块，为县级林业规划管理、资源监测等不同林业生产管理工作提供服务。

县级林业地理信息系统是整个体系的基础，它可以进行林业多种专题的应用，如二类清查内业处理、林业地籍管理、伐区设计、造林规划、抚育间伐、资源监测等。同时确保与其他经济领域应用（农业、国土、环境保护等）的接轨。

县级林业 GIS 是市级林业 GIS 和省级林业 GIS 的基础，在建立县级 GIS 的同时考虑到与市级（地区）、省级甚至国家级林业 GIS 的接轨。在整个体系中从纵向控制的角度，省级控制到市级（地区），市级（地区）控制到县级，县级控制到乡，最后直接控制到小班地块。实现整个林业信息管理的计算机化。

⑥GIS 在森林防火管理中的应用　林火发生是一个极其复杂的自然现象，它涉及的因素许多，既有自然因素，又有社会因素。自然因素中有可燃物的类型及其分布状况、地形地貌分布状况、气象因子等。社会因素包括人为因素等。利用 GIS 可以达到对所有相关信息的有机管理，并随时调整成直观现象表现出来，做到预防工作决策得力，扑救工作高效自序。如图 1-3 所示，为林火管理信息系统示例。

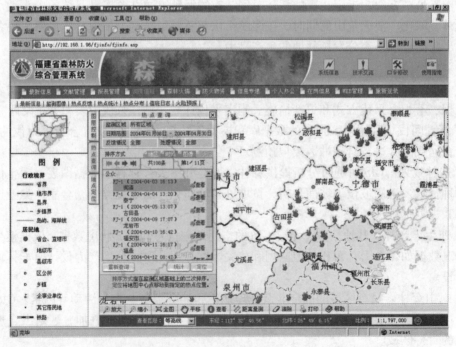

图 1-3　林火信息管理系统

a. 林火信息管理

一是，数据库建立。包括以下几点内容。

地图数据库　GIS 可以将林相图或森林分布图或可燃物类型分布图，行政区划图、地形图、水系图、居民地及扑火队伍分布图、救火设施分布图、防火隔离带分布等。数字化，并通过处理把丰富形象的地图提供给决策者。

属性数据　有小班数据库(有关林相图的属性数据)、气象数据、火灾记录数据、扑火队伍数据、林业区划数据、道路数据、防火机构数据、航空扩林数据等。这些数据可以是数字的、文字的，也可以是图片、声音、视频等多媒体数据。通过建立属性数据和地图数据库的关联，将地图与属性信息有机结合，达到相互调用和综合分析。

方法或模型库　对空间和属性数据的内在关系，以林分生长数学模型，材积模型为模型，通过模型把握住客观事物的内在规律，分析自然现象的本质。

二是，数据库的动态管理。对地图数据的编辑更新。可利用资源状况、社会经济状况、生产经营状况的各种数据进行及时的更新。如造林、抚育、采伐、道路建设等各种经营活动对资源的变化都可以随时利用 GIS 进行管理，随时都有反映现状的信息，做到决策方案的真实可靠。

三是，数据检索和输出。利用 GIS 可以随时制作输出各种专题图和有关表格。它可以比传统手工制作的地图和表格提高几倍至几千倍甚至上百倍的效率。也可以在几分钟甚至几秒钟之内查询到所要的数据并以不同方法和形式(地图、表格、多媒体)表现出来。随着以后技术投入和发展，还可以用仿真和虚拟现实的方式将信息直观的提供给决策者。

b. 林火扑救指挥和实时监测

一是，与遥感影像结合。GIS 可以将遥感图像与已有的各种专题地图进行匹配并叠加在一起，也可以将图像上火点的位置在地图上准确定位，并反映周边的资源和社会经济状况。

二是，与 GPS 结合。GPS 可以将野外采集到的地理位置转化成点、线或多边形数据。控制站与扑火队伍和运载配备的 GPS 连接上相应的通信设施后，就可以将行进中的位置和路线及时传输到指挥部的 GIS 系统之中，GIS 就可以准确地定位到地图之中。从而实现对行动的方向、位置、到达的目标地等进行及时的纠正和调整。

三是，最佳路径的确定。GIS 可以根据交通道路的分布情况，以及扑火队伍的实际位置和要到达目的地的信息，自动计算出最佳路线、次佳路线以及达到目的地所需时间，并以图形和数学的形式提供给指挥者。

c. 林火的预测预报　GIS 林火预测预报的过程：接收气象数据，选用火险等级分析模型，综合资源气象和地形地貌数据进行综合分析，得出火险等级数据图形，显示或输出火险等级分布图发出警告信息。

火险等级区划有宏观和微观的不同层次：

一是，宏观预报。是根据不同区域各气象台站观测的数据和区域植被的生长特点预测火险等级指数，如省火险等级分布，全国火险等级分布。

二是，微观火险等级预报。具体可落实到山头地块。预测的结果具体详细，但需要的数据量大。

d. 林火设施的布局分析

一是，瞭望台布局分析。利用地形图和瞭望台站网的分布特点，可计算出盲区（瞭望台不可见的山头地块）、定位区（可以利用不同瞭望台定位的地块）和不可定位区（只有一个瞭望台可见）。在需要建立或增设瞭望台站的地区，可以利用 GIS 设计观察覆盖面大，盲区小的瞭望台分布方案。

二是，交通道路布设。根据目前的林道分布的现状和林火火险等级的分布图，以其森林经营的要求，利用 GIS 可以设计出既有利于社会经济要求，又利于林火快速扑救的林区交通道路的设计方案。

三是，防火隔离带的布设。利用 GIS 所表现的综合治理信息可以直观在地图上设计出经费省、效果佳的防火隔离带。

e. 其他

一是，火灾折算。对过火面积、蓄积损失、经济损失，以及在扑火过程中的各种经济投入能快速并准确地统计计算。

二是，灾后处理。火烧迹地的清理，造林规划。

三是，火行为分析。起因、过程。

四是，计划烧除。

（3）GIS 在林业上的应用优势

①节省经费　一是，节省二类调查经费：与人力相比，GIS 在总体上可节省 5 倍的经费。二是，节省伐区设计的内业经费：利用已有的林相基本图和数据，GIS 可以随时制作任何林业专题图，如造林规划图、土地分布图、经营抚育实施图、成熟林分布图等，节省专题图制作费。三是，节省外业调查经费：利用 GIS 更新后的林相图、制作立体林相图，更有利于外业调查。

②提高工作效率　一是，提高制图速度、缩短内业时间：制作一张林相图，过去利用人工大约要 7 天，而利用 GIS，不到 1 小时。二是，提高二类、伐区和其他专题调查的效率。三是，提高制作经营决策方案的效率。

③使林业经营管理更趋科学化　一是，将空间数据与属性数据结合，进行综合分析，改变单一属性数据分析的缺陷。使制作的决策方案更加合理。二是，对林业森林资源的空间属性数据进行动态管理，一旦资源发生变更，即刻对资源数据进行更新，从而准确掌握资源的状况，做出有效的决策。三是，制作与生长模型、决策模型等有关的专题地图，提供形象化的决策分析方案，为经营方案准确有效地实施奠定基础。

项目 2　GIS 基础操作

ArcGIS 处于 GIS 软件的领头羊位置，功能强大，工具众多，常用的桌面版本包括 Arc-Map、ArcCatalog 与 ArcToolbox 三大模块。本项目包括四个任务：认识 ArcGIS、ArcMap 应用基础、ArcCatalog 应用基础与 ArcToolbox 应用基础。通过四个任务的实施完成，要求学生熟悉 ArcGIS 软件组成，ArcMap、ArcCatalog 与 ArcToolbox 三大模块的常用工具，能够进行基本的数据浏览、管理与导出工作，为后续软件的进一步学习应用打下良好基础。

【学习目标】

1. 知识目标

（1）了解 GIS 的概念及其组成

（2）熟悉 GIS 的特点

（3）了解 GIS 的类型及其派生系统

（4）掌握 GIS 的组成

（5）熟悉 GIS 在林业生产中的应用

2. 技能目标

（1）能够认知 GIS 并熟悉其特点及功能应用

（2）掌握 GIS 在林业生产中的应用并灵活应用于生产实际

任务 2.1　认识 ArcGIS

【任务描述】

GIS 由于其独特的空间数据库，在各行各业得到了广泛的应用。ArcGIS 是 ESRI 公司的 GIS 产品，因为其优秀的功能，而处于业界的领头羊位置。本任务即从 ArcGIS 的产品构成、功能特点等方面介绍 ArcGIS。通过知识准备，让学生能够了解和熟悉 ArcGIS 的产品构成、功能特点。

【知识准备】

ArcGIS 是由 ESRI 公司制作的一套地理信息系统系列软件的总称。可以依不同应用平台分成以下版本：

①桌面版本　以功能等级而区分的套件：ArcReader、ArcView、ArcEditor 和 ArcInfo，而高级的套件是较低级套件加上其他进阶功能。

②服务器版本　以功能等级（基本、标准、进阶）而区分为 ArcIMS（web mapping server），ArcGIS Server 与 ArcGIS Image Server。

③移动版　ArcGIS Mobile 与 ArcPad。

（1）ArcGIS 各版本介绍

在 ArcGIS 套件问世之前，ESRI 公司就已经专注于命令行 ArcInfo 工作站及数个图形界面产品的开发，其余的 ESRI 产品包括 MapObjects 函式库和关系数据库管理系统 ArcSDE，此时 ESRI 各个产品的源代码分散，缺乏有效整合。1997 年 1 月，ESRI 决定重构其 GIS 软件平台，创造一个单一的集成软件架构。

①ArcGIS 8.x　运行于 Windows 操作系统之上的 ArcGIS 8.0 于 1999 年发行，它结合了 ArcView GIS 3.x 的可视化用户界面和一些 ArcInfo 7.2 的功能。此次新推出的 ArcGIS 软件套装包括了一个将传统的命令行模式的 ArcInfo 工作站和全新的图形用户界面整合的产物，称之为 ArcMap，同时推出的还有用于管理 ArcGIS 文件的 ArcCatalog。ArcGIS 的诞生标志着 ESRI 软件体系的重要改变，它将客户端和服务器端产品整合在了一个统一的 ArcGIS 软件架构下，并且符合 Windows COM 规范。

另外一个显著的变化在于其开发语言能够进行用户化或扩展以满足特定用户的需要。在向 ArcGIS 过渡的过程中，ESRI 减弱了对其领域特定脚本语言 AML 的支持，取而代之的是 VBA 脚本语言并且让 ArcGIS 组件能够通过实行 Windows COM 规范进而实现开放存取。ArcGIS 在该版本中新设计了一种专有的关系数据库管理系统（RDMBS）格式，称之为 Geodatabase。此外 ArcGIS 8.x 还引入了其他的新功能，包括即时地图投影及数据库注释。

在对原有 ArcView 3.x 进行扩展的方面，新的 3D 分析及空间分析功能被加入到了随后在 2000 年于 ERSI 国际用户大会上发布的 ArcGIS 8.1 中，正式发布的日期则延后到了 2001 年 4 月 24 日，其他的功能扩展还包括了地统计分析等。ArcGIS 8.1 同时加入了对在线数据的支持，使得其能够从 Geography Network 或其他支持 ArcIMS 地图服务的网站上直接获取数据。ArcGIS 8.3 于 2002 年发布，新版本在 Geodatabase 里添加了原先只在 ArcInfo 中有效的对拓扑数据的支持。

②ArcGIS 9.x　ArcGIS 9 于 2004 年 5 月发布，它包括了供开发者使用的 ArcGIS Server 和 ArcGIS Engine。新增的 Geoprocessing 工具能够将传统的 GIS 处理工具诸如剪切、覆盖、空间分析等进行交互式的连接，甚至可以是任何符合 COM 规范的脚本语言。虽然 Python 是 ArcGIS 主流支持的脚本语言，但是 Perl 和 VBScript 等其他语言依然能够被支持。ArcGIS 9 也具有可视化编程环境，类似于 ERDAS IMAGINE 的建模工具。ArcGIS 的这个建模工具叫作 ModelBuilder，用户可以用它以图形方式连接 Geoprocessing 成为新的工具，这种新的工具称为模块。模块可以直接执行或者输出到脚本语言中以批处理的方式执行，除此之外还可以进行更深层次的编辑比如说给流程添加选择和循环等。

2008 年 7 月 26 日，ESRI 发布了 ArcGIS 9.3，这个新版本拥有更多新的建模工具及地统计分析错误追踪功能，服务器版还提升了性能及对基于角色的安全性的支持。该版本新增了创造混搭应用的功能，可混搭的对象包括 Google Maps 和微软公司的必应地图服务。在 2008 年的 ESRI 开发者大会上，除了一场讲述关于如何从 ArcIMS 向 ArcGIS 基于服务器应用过渡的会议以外，ArcIMS 几乎没被提及。这标志着 ESRI 从 ArcGIS 9.3 起开始转向关注基于 Web 的地图服务应用。在 9.3 中首次引入了 REST 技术，为 Web 开发提供了更丰富灵活的方式，也成为此后各种 WebAPI 的基础。

2009 年 5 月，ArcGIS 9.3.1 发布，它提升了动态地图发布的性能，增强了不同的地理信息格式之间的兼容性。

③ ArcGIS 10. x 2010 年,ESRI 宣布之前宣称的 9. 4 版本已被改称为第 10 版,将于 2010 年第二季度发布,现在的 10. 0 版是 2010 年 9 月发布的。在 ArcGIS 10. 0 中首次提供了多语言版本,包括中文、日语、法语、德语、西班牙语和英语 6 个版本。2012 年发布 10. 1。2014 年底,ArcGIS10. 3 正式发布。ArcGIS10. 3 中,以用户为中心(Named User) 的全新授权模式,超强的三维"内芯",革新性的桌面 GIS 应用,可配置的服务器门户,即拿即用的 Apps,更多应用开发新选择,数据开放新潮流,为构建新一代 Web GIS 应用提供了更强有力的支持。

(2)桌面版本

ArcReader:主要基本功能为查询、观看其他地理信息软件所创建的地图资料,可免费下载使用。

ArcView:主要基本功能为"观看"空间资料(spatial data)、建立叠图(layered maps)、展现基本的空间分析。

ArcEditor:在 ArcView 的基础上增加功能,包括处理 shapefiles 与 geodatabases 的工具。

ArcInfo:包含最完整的资料处理、编辑、分析功能。

ArcGIS Explorer:可免费下载使用的 3D GIS 资料展示软件,以 3D 地球仪来展示资料,功能相似于 Google Earth 与 NASA World Wind,被视为 ESRI 对于竞争对手 Google Earth 的回应。其工具列的操作界面类似 MS Office 2007。

(3) ArcInfo 组件

ArcGIS 桌面版本是由许多的应用程序组件的组成,以包含完整功能的 ArcInfo 来说,应用程序组件会包括:

①ArcMap 是最基本的应用程序组件,进行制图、编辑、地图空间分析,但主要是用来处理 2D 空间地图。

②ArcCatalog 用来管理空间资料,进行数据库的简易设计,并且用来记录、展示属性资料 metadata。

③ArcToolbox 地理资料处理工具的主要集合处,会整合在其他 ArcGIS 应用程序组件里面。

④ArcGlobe 以 3D 立体地球仪的方式来展示、编辑、分析 3D 空间地图。

⑤ArcScene 展示、编辑、分析 3D 空间地图。

⑥ArcReader 基本的展示工具,完整安装时会连带安装之。

(4)Geodatabase 数据库

在包括 ArcView 3. x 在内的早期 ESRI 产品中,所有的数据都是以 Shapefile 格式组织的,也就是 ArcInfo 使用的 Coverage 格式,它存储与空间数据有关的拓扑信息。Coverage 这个概念最早在 1981 年 ArcInfo 首次发布时就被提出了,然而它却在运用于表现某些要素时有所局限。比如,在铁路与公路相交时需要表现铁路道口、天桥或行人隧道时 Coverage 格式不能够很好地将它们展现出来。

ArcGIS 是围绕着 Geodatabase 数据库构建的,它使用对象关系型数据库来存储空间数据。Geodatabase 是一个存储数据集的容器，同时将空间数据和属性绑定起来。拓扑数据也能够存储在 Geodatabase 中并对特性进行建模，比如说在表示道路交叉时可以对道路之间的相关性进行设定。在使用 Geodatabase 时，很重要的一点就是要理解要素类（feature classes）就是一系列要素，它以点、线或多边形的形式呈现。在使用 Shapefile 格式时每个文件只能存储一类要素然而 Geodatabase 却能够在一个文件中存储多个要素或者是多种类型的要素。

在 ArcGIS 中，Geodatabase 可以以 3 种不同方式存储包括 FGDB（File Geodatabase）、PGDB（Personal Geodatabase），和 ArcSDE Geodatabase。FGDB 在 9.2 版时被引进，它把信息储存在一个扩展名为 gdb 的文件夹中，文件夹内部的文件和 Coverage 差不多但不一样。和 PGDB 类似，FGDB 也支持单一用户，但与 PGDB 不同的是，FGDB 没有数据量大小的限制。默认情况下单一表的大小不能超过 1TB，但这实际是可以被改变的。PGDB 用 Microsoft Access 文件存储数据，将几何数据存储在二进制大对象字段中，OGR 库能够处理这种文件类型并将它转换其他文件格式。一些需要数据库管理员完成的工作诸如管理用户及备份等可以通过 ArcCatalog 完成。基于 Microsoft Access 的 PGDB 仅能在 Windows 操作系统下运行而其有 2GB 数据量上线的限制。企业级的 Geodatabase 可以通过 ArcSDE 操作，它拥有可连接高端数据库管理系统（DBMS）的接口像是 Oracle、Microsoft SQL Server、DB2 和 Informix 等。这些 DBMS 能够多方面的管理数据库，同时 ArcGIS 就用来进行空间数据的管理。企业级的 Geodatabase 还支持数据库复制、版本控制及事务管理等高级功能，更支持跨平台兼容，即可同时在 Linux、Windows 和 Solaris 等不同的操作系统下使用。

（5）应用 ArcGIS 相关概念

ArcGIS 是 ESRI 公司集 40 余年地理信息系统（GIS）咨询和研发经验，奉献给用户的一套完整的 GIS 平台产品，具有强大的地图制作、空间数据管理、空间分析、空间信息整合、发布与共享的能力。ArcGIS 产品包括桌面 GIS、服务器 GIS、嵌入式 GIS、移动 GIS、在线 GIS 等，我们通常所说的 ArcGIS 仅指桌面 GIS（即 ArcGIS Desktop）。对于桌面 ArcGIS10.x 软件，我们主要应用三大模块：ArcMap、ArcCatalog 和 ArcToolbox。

在软件操作过程中，必须了解以下几个重要概念：

①元素、要素、要素类

a. 元素　用于制图（如文字、比例尺等）存储在（*.mxd）中；

b. 要素　表示现实世界实体，存储在地理数据库或数据文件中；

c. 要素类　相同类型的要素集合。

②数据层、图层、图层组、数据集、数据库

a. 数据层　存储空间坐标数据的文件（*.shp）；

b. 图层　存储一个或几个数据层参数的文件（*.lyr）；

c. 图层组　对一个或几个数据层统一管理的文件；

d. 数据集　设置有坐标系统等参数的文件；

e. 数据库　对矢量、栅格等数据层统一管理、存储的框架（*.gdb）。

任务 2.2　ArcMap 应用基础

【任务描述】

ArcMap 是 ArcGIS 最基本的应用程序组件，进行制图、编辑、地图空间分析，但主要是用来处理 2D 空间地图，是林业 ArcGIS 应用中最基本也是最重要的窗口，主要进行林业数据的输入、编辑、查询、分析等操作。本任务设置 ArcMap 的一些基本操作，通过任务的完成，要求学生熟悉 ArcMap 的窗口组成及相关快捷菜单，能够进行地图文档的创建、打开及保存，进行数据的添加、删除，图形的放大、缩小，数据符号化的设置、图形数据与属性数据的查询等操作，为下一步软件的学习奠定基础。

【知识准备】

（1）ArcMap 窗口介绍

主菜单窗口主要由主菜单栏、工具栏、内容列表、目录、搜索、地图显示窗口、状态栏七个部分组（图 2-1）。

图 2-1　ArcMap 窗口

①主菜单栏　如图 2-1 所示，主菜单栏包括【文件】、【编辑】、【视图】、【书签】、【插入】、【选择】、【地理处理】、【自定义】、【窗口】、【帮助】10 个子菜单。

a.【文件】菜单　【文件】菜单下拉菜单包括【新建】、【打开】、【保存】、【另存为】、【保存副本】、【添加数据】、【页面和打印设置】、【打印预览】、【打印】、【创建地图包】、【导出地图】、【地图文档属性】、【退出】。各菜单功能描述见表 2-1。

表 2-1　【文件】菜单中的各菜单及其功能描述

图标	名称	功能描述
	新建	新建一个空白地图文档
	打开	打开一个已有的地图文档
	保存	保存当前地图文档

（续）

图标	名称	功能描述
	另存为	另存地图文档
	保存副本	将地图文档保存为 ArcGIS 10 或以前的版本
	添加数据	向地图中添加数据
	登录	登录到 ArcGIS OnLine 共享地图和地理信息
	ArcGIS OnLine	ArcGIS 系统的在线帮助
	页面和打印设置	页面设置和打印设置
	打印预览	预览打印效果
	打印	打印地图文档
	创建地图包	将当前文档以及地图文档所引用数据创建为地图包，方便与其他用户共享地图文档
	导出地图	将当前地图文档输出为其他格式文件
	地图文档属性	设置地图文档的属性信息
	退出	退出 ArcMap 应用程序

b.【编辑】菜单 【编辑】菜单下拉菜单包括【撤销】、【恢复】、【剪切】、【复制】、【粘贴】、【选择性粘贴】、【删除】、【复制地图到粘贴板】、【选择所有元素】、【取消选择所有元素】、【缩放至所选元素】。各菜单功能描述见表 2-2。

表 2-2 【编辑】菜单中的各菜单及其功能描述

图标	名称	功能描述
	撤销	取消前一操作
	恢复	恢复前一操作
	剪切	剪切选择内容
	复制	复制选择内容
	粘贴	粘贴选择内容
	选择性粘贴	将剪贴板上的内容以指定的格式粘贴或链接到地图中
	删除	删除所选内容
	复制地图到粘贴板	将地图文档作为图形复制到粘贴板
	选择所有元素	选择所有元素
	取消选择所有元素	取消选择所有元素
	缩放至所选元素	将所选择元素居中最大化显示

c.【视图】菜单 【视图】菜单下拉菜单包括【数据视图】、【布局视图】、【图】、【报表】、【滚动条】、【状态栏】、【标尺】、【参考线】、【格网】、【数据框属性】、【刷新】、

【暂停绘制】、【暂停标注】。各菜单功能描述见表 2-3。

表 2-3　【视图】菜单中的各菜单及其功能描述

图标	名称	功能描述
	数据视图	切换到数据视图
	布局视图	切换到布局视图
	图	创建和管理表
	报表	创建、加载、运行报表
	滚动条	勾选启动滚动条
	状态栏	勾选启动状态栏
	标尺	控制标尺开与关
	参考线	控制参考线开与关
	格网	控制格网开与关
	数据框属性	打开【数据框属性】对话框
	刷新	修改地图后刷新地图
	暂停绘制	对地图修改时不刷新地图
	暂停标注	在处理数据的过程中暂停绘制标注

　　d.【书签】菜单　【书签】菜单下拉菜单包括【创建】、【管理】。其中，【创建】功能为创建书签，【管理】功能为管理书签。

　　e.【插入】菜单　【插入】菜单下拉菜单包括【数据框】、【标题】、【文本】、【动态文本】、【内图廓线】、【图例】、【指北针】、【比例尺】、【比例文本】、【图片】、【对象】。各菜单功能描述见表 2-4。

表 2-4　【插入】菜单中的各菜单及其功能描述

图标	名称	功能描述
	数据框	向地图文档插入一个新的数据框
Title	标题	为地图添加标题
A	文本	为地图添加文本文字
	动态文本	为地图添加文本，如日期、坐标系等信息
	内图廓线	为地图添加内图廓线
	图例	在地图上添加图例
N	指北针	在地图上添加指北针

（续）

图标	名称	功能描述
	比例尺	在地图上添加比例尺
1:n	比例文本	在地图上添加文本比例尺
	图片	在地图上添加图片
	对象	在地图上添加对象，如图表、文档等

f.【选择】菜单　【选择】菜单下拉菜单包括【按属性选择】、【按位置选择】、【按图形选择】、【缩放至所选要素】、【平移至所选要素】、【统计数据】、【清除所选要素】、【交互式选择方法】、【选择选项】。各菜单功能描述见表 2-5。

表 2-5　【选择】菜单中的各菜单及其功能描述

图标	名称	功能描述
	按属性选择	使用 SQL 按照属性信息选择要素
	按位置选择	按照空间位置选择要素
	按图形选择	使用所绘图形选择要素
	缩放至所选要素	在地图显示窗口中将选择要素居中最大化显示在显示窗口的中心
	平移至所选要素	在地图显示窗口中将选择要素居中显示在显示窗口的中心
Σ	统计数据	对所选要素进行统计
	清除所选要素	清除对所选要素的选择
	交互式选择方法	设置选择集创建方式
	选择选项	打开【选择选项】对话框，设置选择的相关属性

g.【地理处理】菜单　【地理处理】菜单下拉菜单包括【缓冲区】、【裁剪】、【相交】、【联合】、【合并】、【融合】、【搜索工具】、【ArcToolbox】、【环境】、【结果】、【模型构建器】、【Python】、【地理处理资源中心】、【地理处理选项】。各菜单功能描述见表 2-6。

表 2-6　【地理处理】菜单中的各菜单及其功能描述

图标	名称	功能描述
	缓冲区	打开【缓冲区】工具创建缓冲区
	裁剪	打开【裁剪】工具裁剪要素
	相交	打开【相交】工具用于要素求交
	联合	打开【联合】工具用于要素联合
	合并	打开【合并】工具用于要素合并
	融合	打开【融合】工具用于要素融合

（续）

图标	名称	功能描述
	搜索工具	打开【搜索】窗口搜索指定的工具
	ArcToolbox	打开【ArcToolbox】窗口
	环境	打开【环境设置】对话框，以设置当前地图环境
	结果	打开【结果】窗口显示地理处理结果
	模型构建器	打开【模型】构建器窗口用于建模
	Python	打开【Python】窗口编辑命令
	地理处理资源中心	ArcGIS 在线帮助地理处理资源中心
	地理处理选项	打开【地理处理选项】对话框，用于地理处理各项设置

h.【自定义】菜单 【自定义】菜单下拉菜单包括【工具条】、【扩展模块】、【加载项管理器】、【自定义模式】、【样式管理器】、【ArcMap 选项】。各菜单功能描述见表 2-7。

表 2-7 【自定义】菜单中的各菜单及其功能描述

名称	功能描述
工具条	加载需要的工具条
扩展模块	打开【扩展模块】对话框，启用 ArcGIS 扩展功能
加载项管理器	打开【加载项管理器】对话框，管理加载项
自定义模式	打开【自定义】对话框添加自定义命令
样式管理器	打开【样式管理器】对话框管理样式
ArcMap 选项	打开【ArcMap 选项】对话框对 ArcMap 进行设置

i.【窗口】菜单 【窗口】菜单下拉菜单包括【总览】、【放大镜】、【查看器】、【内容列表】、【目录】、【搜索】、【影像分析】。各菜单功能描述见表 2-8。

表 2-8 【窗口】菜单中的各菜单及其功能描述

图标	名称	功能描述
	总览	查看当前地图总体范围
	放大镜	将当前位置视图放大显示
	查看器	查看当前地图文档内容
	内容列表	打开【内容列表】窗口
	目录	打开【目录】窗口
	搜索	打开【搜索】窗口
	影像分析	打开【影像分析】对话框，对影像进行显示及各项处理操作

j.【帮助】菜单　【帮助】菜单下拉菜单包括【ArcGIS Desktop 帮助】、【ArcGIS Desktop 资源中心】、【这是什么?】、【关于 ArcMap】。各菜单功能描述见表 2-9。

表 2-9　【帮助】菜单中的各菜单及其功能描述

图标	名称	功能描述
	ArcGIS Desktop 帮助	打开【ArcGIS 10 帮助】对话框获取相关帮助
	ArcGIS Desktop 资源中心	打开 ArcGIS 网站，获取相关帮助
	这是什么?	调用实时帮助
	关于 ArcMap	查看 ArcMap 的版本与版权等信息

②工具栏　在工具栏上任意位置单击鼠标右键，则弹出下拉菜单，在下拉菜单中选择用户需要的工具条命令，则该工具条就显示在工具栏。在 ArcMap 应用中，基本的工具包括【标准】工具条、【工具】工具条。

a.【标准】工具条　【标准】工具条包括 20 个工具，其对元素的复制、粘贴、剪切、删除可以直接使用，对于要素需要在编辑状态下才能使用。各工具的功能描述见表 2-10。

表 2-10　【标准】工具条各工具及其功能描述

图标	名称	功能描述
	新建地图文档	新建一个空白地图文档
	打开	打开一个已有的地图文档
	保存	保存当前地图文档
	打印	打印地图文档
	剪切	剪切选择内容
	复制	复制选择内容
	粘贴	粘贴选择内容
	删除	删除所选内容
	撤销	取消前一操作
	恢复	恢复前一操作
	添加数据	添加数据
1:40,000	比例尺	设置显示比例尺
	编辑器工具条	启动、关闭【编辑器】工具条
	内容列表窗口	打开【内容列表】窗口
	目录窗口	打开【目录】窗口
	搜索窗口	打开【搜索】窗口

（续）

图标	名称	功能描述
	ArcToolbox 窗口	打开【ArcToolbox】窗口
	Python 窗口	打开【Python】窗口编辑命令
	模型构建器窗口	打开【模型】构建器窗口用于建模
	这是什么？	调用实时帮助

b.【工具】工具条　【工具】工具条包括 20 个工具，包括【放大】、【缩小】、【平移】、【全图】、【选择要素】、【识别】、【超链接】、【测量】、【查找】、【转到 XY】等。各工具的功能描述见表 2-11。

表 2-11　【工具】工具条各工具及其功能描述

图标	名称	功能描述
	放大	单击或拉框任意放大视图
	缩小	单击或拉框任意缩小视图
	平移	平移视图
	全图	缩放至全图
	固定比例放大	以数据框中心点为中心，按固定比例放大地图
	固定比例缩小	以数据框中心点为中心，按固定比例缩小地图
	返回到上一视图	返回到上一视图
	转到下一视图	前进到下一视图
	通过矩形选择要素	选择要素
	清除所选要素	清除对所选要素的选择
	选择元素	选择、调整以及移动地图上的文本、图形和其他对象
	识别	识别单击的地理要素或地点
	超链接	触发要素中的超链接
	HTML 弹出窗口	触发要素中的 HTML 弹出窗口
	测量	测量距离和面积
	查找	打开【查找】对话框，用于在地图中查找要素和设置线性参考
	查找路径	打开【查找路径】对话框，计算点与点之间的路径及行驶方向

（续）

图标	名称	功能描述
⊗ XY	转到 XY	打开【转到 XY】对话框，输入某个（X、Y），并导航到该位置
🕐	打开"时间滑块"窗口	打开【时间滑块】窗口，以便处理时间感知型图层和表
⊕	创建查看器窗口	通过拖拽出一个矩形创建新的查看器窗口

③内容列表　内容列表中将列出地图上的所有图层，并通过名称显示各图层中要素所代表的内容。内容列表的功能除了有助于管理地图图层的显示顺序和符号分配外，对于设置各地图图层的显示和其他属性也有一定的辅助功能。

在内容列表中，对于图层显示有 4 种列出方式（图 2-2），分别为按绘制顺序列出、按源列出、按可见性列出、按选择列出。

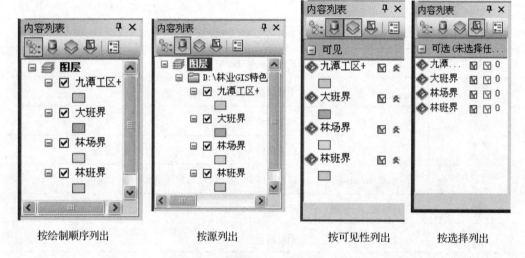

按绘制顺序列出　　　　按源列出　　　　按可见性列出　　　　按选择列出

图 2-2　内容列表的四种图层列出方式

④目录窗口和搜索窗口　目录窗口与 ArcCatalog 中目录树功能相似，主要用于组织和管理地图文档、图层、地理数据库、地理处理模型和工具、基于文件的数据等。

搜索窗口可对本地磁盘中的地图、数据、工具进行搜索。

⑤地图显示窗口　ArcMap 提供了两种地图显示方式：一种是数据视图；一种是布局视图。在数据视图状态下，可以借助数据显示工具对地图数据进行查询、检索、编辑和分析等操作；在布局视图状态下，可以在地图上加载图名、图例、比例尺和指北针等地图辅助要素，进行专题图的制作。

（2）ArcMap 快捷菜单介绍

在 ArcMap 窗口的不同部位单击鼠标右键，会弹出相应的快捷菜单。经常调用的快捷菜单有以下四种。

①数据框操作快捷菜单　鼠标右键单击选中内容列表中的数据框，则弹出下拉快捷菜单，如图 2-3 所示。各菜单功能描述见表 2-12。

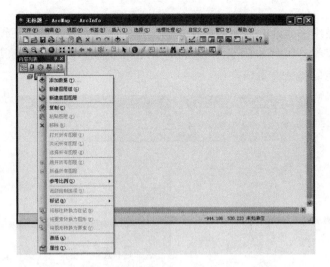

图 2-3　数据框操作快捷菜单

表 2-12　数据框操作快捷菜单中的各菜单及其功能描述

图标	名称	功能描述
	添加数据	向数据框中添加数据
	新建图层组	新建一个图层组
	新建底图图层	新建一个地图图层来存放底图数据
	复制	复制图层
	粘贴图层	粘贴已复制的图层
	移除	移除图层
	打开所有图层	显示数据框中的所有图层
	关闭所有图层	关闭数据框中所有图层的显示
	选择所有图层	选择数据框下的全部图层
	展开所有图层	将数据框下所有图层展开
	折叠所有图层	将数据框下所有图层折叠
	参考比例尺	设置数据框下的所有图层的参考比例尺
	高级绘制选项	对地图中面状要素掩盖的其他要素进行设置
	标记	标标注管理，包括标注管理器、设置标注优先级、标注权重等级、锁定标注、暂停标注、查看未放置的标注等。
	将标注转换为标记	将数据框中已标注图层中的标注转换为标记
	将要素转换为图形	将要素转换为图形
	将图形转换为要素	将图像转换为要素
	激活	激活当前选中的数据框
	属性	打开【数据框属性】对话框，设置数据框的相关属性

②数据图层操作快捷菜单 单击鼠标右键，选中内容列表中的任意图层，则弹出数据图层操作的快捷菜单，如图 2-4 所示，此菜单是针对当前选中的图层及其要素的属性进行操作，各菜单功能描述见表 2-13。

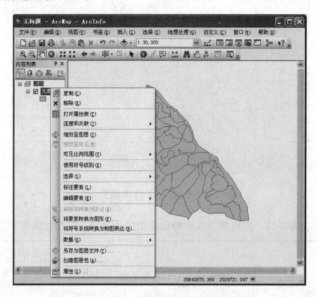

图 2-4 数据图层操作快捷菜单

表 2-13 数据图层操作快捷菜单中的各菜单及其功能描述

图标	名称	功能描述
	复制	复制当前选中的图层
	移除	移除当前选中的图层
	打开属性表	打开图层的属性表
	连接和关联	将当前属性表连接、关联到其他表或基于空间位置连接
	缩放至图层	缩放至选中图层视图
	缩放至可见	将当前视图缩放到可见比例尺
	可见比例范围	设置当前图层可见的最大和最小比例尺
	使用符号级别	对当前图层启用符号级别功能
	选择	选择图层中的要素并进行操作
	标注要素	勾选时在要素上显示标注
	编辑要素	对要素进行编辑
	将标注转换为注记	将此图层中的标注转换为注记
	将要素转换为图形	将要素转换为图形

（续）

图标	名称	功能描述
	将符号系统转换为制图表达	此图层中的符号系统转换为制图表达
	数据	导出、修复数据等
◇	另存为图层文件	将当前图层另存为图层文件
⬦	创建图层包	创建包括图层属性和图层所引用的数据集的图层包，可以保存和共享与图层相关的所有信息，如图层的符号、标注和数据等
📋	属性	设置当前图层的属性

③数据视图操作快捷菜单 在数据视图下非编辑状态时，在地图显示窗口中单击鼠标右键，弹出数据视图操作的快捷菜单，如图 2-5 所示，此快捷菜单用于对数据视图中的当前数据框进行操作，各菜单的功能描述见表 2-14。

图 2-5 数据视图操作快捷菜单

表 2-14 数据视图操作快捷菜单中的各菜单及其功能描述

图标	名称	功能描述
🔵	全图	缩放至地图全图
←	返回到上一视图	返回到上一视图
→	转到下一视图	转到下一视图
⛶	固定比例放大	以数据框中心点为中心，按固定比例放大地图

（续）

图标	名称	功能描述
	固定比例缩小	以数据框中心点为中心，按固定比例缩小地图
	居中	视图居中显示
	选择要素	选择单击的要素
	识别	识别单击的地理要素或地点
	缩放至所选要素	缩放至所选要素视图
	平移至所选要素	平移至所选要素视图
	清除所选要素	清除对所选要素的选择
	粘贴	粘贴在内容列表中复制的图层，在地图显示窗口中复制的图形或注记，在【表】窗口中复制的记录
	属性	设置数据框的相关属性

④布局视图操作快捷菜单　在布局视图下，在当前数据框内单击鼠标右键，则弹出针对数据框内部数据的布局视图操作快捷菜单，如图 2-6 所示，此快捷菜单各菜单功能描述见表 2-15；在当前数据框外单击鼠标右键，则弹出针对整个页面的外布局视图操作快捷菜单，如图 2-7 所示，此快捷菜单各菜单功能描述见表 2-16。

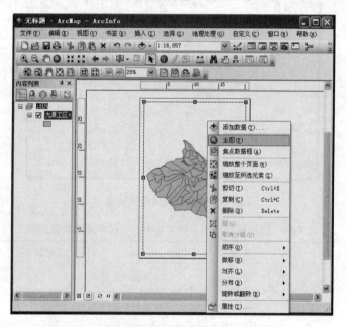

图 2-6　布局视图数据框内部数据操作快捷菜单

表 2-15　布局视图数据框内部数据操作快捷菜单中的各菜单及其功能描述

图标	名称	功能描述
✚	添加数据	向数据框中添加数据
●	全图	缩放至地图全图
▨	焦点数据框	使数据框在有无焦点之间切换
▣	缩放整个页面	对布局视图的整个页面缩放
▣	缩放至所选元素	缩放至所选元素视图
✂	剪切	剪切所选内容
▤	复制	复制所选内容
▤	粘贴	粘贴所选内容
▥	组	当图例转换为图形后对已取消分组的图形元素创建组合
▥	取消分组	对转换成图形后的图例取消组合，以便更精确地修改该图例各部分
	顺序	改变数据框的排列顺序
	微移	对数据框、图例、比例尺等的位置上、下、左、右进行微调
	对齐	设置数据框的对齐方式
	分布	设置数据框的分布方式
	旋转或翻转	旋转或翻转图形
▣	属性	设置数据框属性

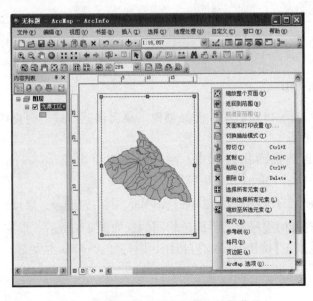

图 2-7　数据框外布局视图操作快捷菜单

表 2-16　数据框外布局视图操作快捷菜单中的各菜单及其功能描述

图标	名称	功能描述
	缩放整个页面	对布局视图的整个页面缩放
	返回到范围	返回至前一视图范围
	前进至范围	前进至下一视图范围
	页面和打印设置	设置打印页面的各个参数
	切换描绘模式	切换至描绘模式
	剪切	剪切所选内容
	复制	复制所选内容
	粘贴	粘贴所选内容
	删除	删除所选内容
	选择所有元素	选择所有的元素
	取消所有元素	取消对所有元素的选择
	缩放至所选元素	缩放至所选元素视图
	标尺	设置标尺
	参考线	设置参考线
	格网	设置格网
	页边距	设置页边距
	ArcMap 选项	设置 ArcMap 选项

【任务实施】

2.2.1　启动 ArcMap

（1）如果在安装 ArcGIS 过程中，已经创建了桌面快捷方式，则直接双击 ArcMap 快捷方式，启动应用程序。

（2）如果没有创建桌面快捷方式，则鼠标左键单击 Windows 任务栏的【开始】→【程序】→【ArcGIS】→【ArcMap】，启动应用程序。

（3）在 ArcCatalog 工具栏中，左键单击 ArcMap 图标按钮🔍，启动应用程序。

上述三种方式打开的程序启动界面是相同的，如图 2-8 所示。根据需要，在程序启动界面左键单击选择【确定】按钮或【取消】按钮，则打开 ArcMap 主界面。

图 2-8　ArcMap 程序启动界面

2. 2. 2　创建地图文档

（1）在【ArcMap – 启动】对话框中，左键单击【我的模板】，并左键单击选择【空白地图】，单击【确定】按钮，创建空白地图文档，如图 2-8 所示。

（2）在 ArcMap 菜单栏中，左键单击【文件】→【新建】命令，打开【新建文档】对话框，在对话框中，左键单击选择【空白地图】，单击【确定】按钮，则完成空白地图文档的创建。

（3）在 ArcMap 工具栏，左键单击【新建地图文件】按钮 ，打开【新建文档】对话框，在对话框中，左键单击选择【空白地图】，单击【确定】按钮，则完成空白地图文档的创建。

2. 2. 3　打开地图文档

（1）双击现有的地图文档，打开地图文档，这是常用的打开地图文档方法之一。

（2）在【ArcMap – 启动】对话框中，左键单击【现有地图】→【最近】，打开最近使用的地图文档；或者单击【浏览更多】，查找路径，浏览文件，打开已有的地图文档。

（3）在 ArcMap 工具栏，左键单击【打开】按钮 ，打开【打开】对话框，查找路径，浏览文件，打开已有的地图文档。

（4）在 ArcMap 菜单栏，左键单击【文件】→【打开】命令，打开【打开】对话框，查找路径，浏览文件，打开已有的地图文档。

2. 2. 4　添加数据

一个地图文档可以有多个数据框，一个数据框可以有多个图层，一个数据图层对应一个要素类，添加数据可以向空白地图文档添加数据，也可以向已有文档添加数据。

（1）在 ArcMap 内容列表，右键单击数据框按钮 **图层**，弹出下拉快捷菜单，左键单击【添加数据】命令，打开【添加数据】对话框，查找路径，浏览文件，选中要添加的数据，左键单击【添加】即可，如图 2-9 所示。

（2）在 ArcMap 工具栏，左键单击【添加数据】按钮 ✚，打开【添加数据】对话框，查找路径，浏览文件，选中要添加的数据，左键单击【添加】即可。

（3）在 ArcMap 菜单栏，左键单击【文件】→【添加数据】→【✚添加数据】命令，打开【添加数据】对话框，查找路径，浏览文件，选中要添加的数据，左键单击【添加】即可，如图 2-9 所示。

（4）在【目录】窗口中，左键选中数据，拖动数据层到窗口添加数据。

（5）启动 ArcCatalog，在【目录树】窗口中，左键选中数据，拖动数据层到窗口添加数据。

图 2-9 【添加数据】对话框

2.2.5 ArcMap 中数据图层基本操作

ArcMap 列表中图层，只是引用数据层中数据，不是真正存储地理数据。

1）更改图层名称

（1）左键单击选中要更改名称的数据图层名称"林班界"，再次单击左键，输入新的名称"新林班界"即可。

（2）双击选中要更改名称的数据图层名称"林班界"，弹出【图层属性】对话框，切换到【常规】选项卡，在【图层名称】栏输入新的名称"新林班界"即可，如图 2-10 所示。

（3）在 ArcMap 内容列表，右键选中要更改名称的数据图层名称"林班界"，弹出下拉快捷菜单，左键单击【属性】命令，弹出【图层属性】对话框，切换到【常规】选项卡，在【图层名称】栏输入新的名称"新林班界"即可。

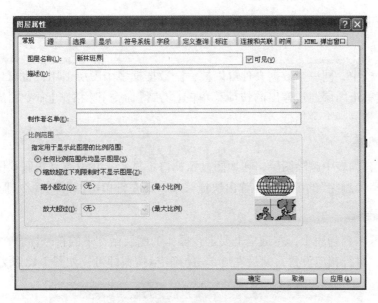

图 2-10 【图层属性】对话框

2）更改图层显示顺序

（1）在添加数据时，可以根据需要设置添加顺序，则数据的显示顺序根据添加顺序为自上而下排列。

（2）数据已经添加后，要更改图层显示顺序，例如，在内容列表中左键单击选中要进行拖动的图层"九潭工区 +"，按住鼠标向上拖动或向下拖动至所需要的位置，然后释放左键完成图层顺序调整，如图 2-11 所示。

未更改图层显示顺序原图

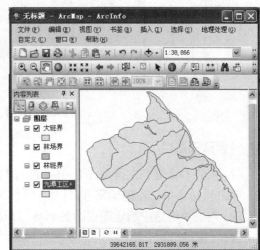

更改图层显示顺序后图

图 2-11 更改图层显示顺序

3)图层复制与删除

（1）图层复制

在地图文档中，同一个数据文件可以被一个数据框多个图层引用，也可以被多个数据框引用，右键单击图层通过弹出的快捷菜单的【复制】命令和【粘贴】命令完成；也可以从一个数据框拖到另一个数据框。

（2）删除图层

只是在内容列表中删除图层，在地图显示窗口不显示，并没有真正删除图层，具体操作为右键单击要"删除"的图层，在弹出快捷菜单中，左键单击【移除】命令即可。

4)图层符号化

在 ArcMap 内容列表中，左键单击要进行操作的图层名称下的符号标志，弹出【符号选择器】对话框，进行相应设置，然后左键单击【确定】按钮即可，如图 2-12 所示。

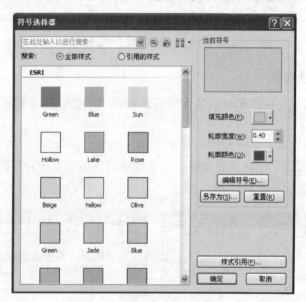

图 2-12 【符号选择器】对话框

5)创建图层组

（1）按住 Ctrl 键，左键单击选中要进行创建组的图层"大班界"与"林场界"，单击右键，弹出快捷菜单，左键单击选择【组】命令即可，如图 2-13 所示。

（2）左键单击选中新建图层组的名称"新建图层组"，单击右键，弹出快捷菜单，左键单击选择【取消分组】命令即可，如图 2-14 所示。

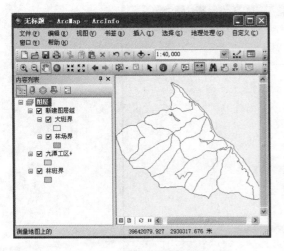 

图 2-13　创建图层组结果　　　　　图 2-14　取消图层组结果

6)设置图层比例尺

如果 ArcMap 中数据图层多，且都处于显示状态，如果地图比例尺小，则地图内容过多而无法清除地表达，如果设置图层比例尺，就能很好地解决此问题，设置图层比例尺分绝对比例尺和相对比例出两种。

（1）设置绝对比例尺

双击要进行比例尺设置的图层，弹出【图层属性】对话框，切换到【常规】选项卡，在【常规】选项卡【比例范围】下拉列表，左键单击选中【缩放超过下列限制时不显示图层】单选按钮，在【缩小超过】栏和【放大超过】栏，分别输入相应的数值，单击【确定】按钮即可。

（2）设置相对比例尺

在 ArcMap 内容列表，视图缩放到合适范围，右键单击要进行操作的图层名称，弹出快捷菜单，左键单击选择【可见比例范围】→【设置最小比例】，则设置该图层的最小相对比例尺；左键单击选择【可见比例范围】→【设置最大比例】，则设置该图层的最大相对比例尺。

7)设置地图提示信息

（1）右键单击要进行操作的数据图层名称"九潭工区"，弹出下拉快捷菜单，左键单击【属性】命令，打开【图层属性】对话框，切换到【显示】选项卡。

（2）进行相关设置，左键单击选中【使用显示表达式显示地图提示】单选按钮，左键单击【字段】下拉框选择要显示的字段"小班号"，单击【确定】按钮，完成设置，如图 2-15 所示。

（3）在地图显示窗口，鼠标移动到该图层"九潭工区"中的任意一个要素上，则这个要素的"小班号"字段内容就会作为地图提示信息显示出来。

● 注意　对于设置地图提示信息的操作，只有当数据处于编辑状态时才可进行。

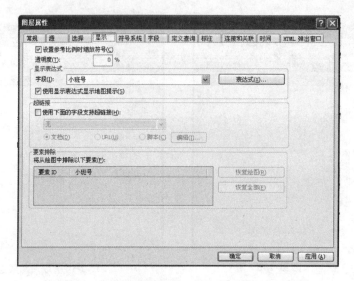

图 2-15　设置【图层属性】→【显示】选项卡对话框

2.2.6　ArcMap 中数据图层其他操作

对于 ArcMap 中数据图层，还可以进行图形数据与属性数据的查询以及相关的编辑等操作，都是林业生产实际常用的相关操作，在后续的章节里陆续会有介绍，在此不再赘述。

2.2.7　数据导出

在 ArcMap 内容列表，右键单击选中要导出的数据图层名称，弹出快捷菜单，左键单击选择【数据】→【导出数据】命令，打开【导出数据】对话框，设置路径、文件类型与文件名称，如图 2-16 所示。

● 注意　数据导出类型可以为 Shapefile 文件、文件和个人地理数据库中要素类文件、SDE 要素类。

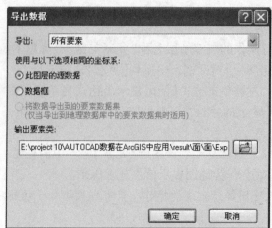

图 2-16　【导出数据】对话框设置

2.2.8 保存地图文档

（1）设置保存路径

ArcMap 地图文档只保存各图层所对应的源数据的路径信息，通过路径信息实时地调用源数据。在实际应用中，地图文档数据会被不断调用，相应的文件存储路径也会发生变化，如果地图文档数据存储为绝对路径，则这时地图文档打开就会找不到相应的文件，导致地图文档不可用。为避免此类情况，需要把地图文档存储路径设置为相对路径。

具体操作如下：

①在 ArcMap 菜单栏，左键单击【文件】→【地图文档属性】命令，打开【地图文档属性】对话框。

②左键单击勾选【存储数据源的相对路径名】复选框，单击【确定】按钮，完成设置，如图 2-17 所示。

（2）保存地图文档

①当前地图文档保存：在 ArcMap 工具栏，左键单击

图 2-17 【地图文档属性】对话框

【保存】按钮 ■；在 ArcMap 菜单栏，左键单击【文件】→【保存】命令。

②地图文档另存为：在 ArcMap 菜单栏，左键单击【文件】→【另存为】命令，打开【另存为】对话框，设置路径，键入文件名称，单击【确定】，则当前地图文档保存为另一个地图文档文件。

2.2.9 退出 ArcMap

单击 ArcMap 窗口右上角的【关闭】按钮 ✕，退出 ArcMap。或者在 ArcMap 菜单栏，左键单击【文件】→【退出】，退出 ArcMap。

任务 2.3　ArcCatalog 应用基础

【任务描述】

ArcCatalog 是定位、浏览和管理空间数据的应用模块，称为地理数据的资源管理器，用来管理空间资料，进行数据库的简易设计，并且用来记录、展示属性资料元数据。本任务设置 ArcCatalog 应用的基本操作，通过任务的完成，要求学生熟悉 ArcCatalog 的窗口组成，能够熟练运用 ArcCatalog 软件对现有地理数据进行浏览和管理；创建和管理空间数据库；创建图层文件等操作，为下一步软件的学习奠定基础。

【知识准备】

ArcCatalog 窗口主要由主菜单栏、工具栏、状态栏、目录树、内容显示窗口组成，如图 2-18 所示。

图 2-18   ArcCatalog 窗口组成

（1）主菜单栏

ArcCatalog 窗口主菜单栏由【文件】、【编辑】、【视图】、【转到】、【地理处理】、【自定
义】、【窗口】和【帮助】8 个菜单组成。

（2）工具栏

在 ArcCatalog 窗口工具栏任意位置单击右键，弹出快捷菜单，可以进行工具条的勾
选，如图 2-19 所示。【标准】工具条、【位置】工具条和【地理】工具条比较常用，其中【标
准】工具条是对地图数据进行操作的主要工具，各按钮的功能描述见表 2-17。

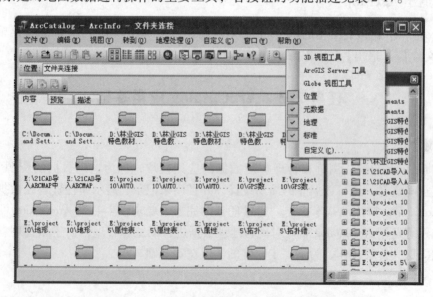

图 2-19   ArcCatalog 窗口工具栏勾选工具条操作

表 2-17 【标准】工具条各按钮及其功能描述

按钮图标	名称	功能描述
	向上一级	返回上一级目录
	连接到文件夹	建立于文件夹的连接
	断开与文件夹的连接	断开与文件夹的连接
	复制	复制所选内容
	粘贴	粘贴所选内容
	删除	删除所选内容
	大图标	文件夹中的内容在主窗口中以大图标样式显示
	列表	文件夹中的内容在主窗口中以列表样式显示
	详细信息	文件夹中的内容在主窗口中以详细信息样式显示
	缩略图	文件夹中的内容在主窗口中以缩略图样式显示
	启动 ArcMap	启动 ArcMap 应用程序
	目录树窗口	打开目录树窗口
	搜索窗口	打开搜索窗口
	ArcToolbox 窗口	打开 ArcToolbox 窗口
	Python 窗口	打开 Python 窗口
	模型建构器窗口	打开模型建构器窗口
	这是什么	调用实时帮助

(3) 目录树

目录树是 ArcCatalog 用来管理所有地理信息项的, 通过它可以查看本地或网络上连接的文件和文件夹, 进行文件夹的连接或断开操作, 选中目录树中的元素后, 可在内容显示窗口中查看其内容、特性、地理信息以及属性。也可在目录树中对内容进行编排、建立新连接、添加新元素(如数据集)、移除元素、重命名元素等。

(4) 内容显示窗口

内容显示窗口是信息浏览区域, 包括【内容】、【预览】和【描述】三个选项卡, 只要在目录树里选中某一文件夹, 则该文件夹中包含的内容、预览数据的空间信息、属性信息以及元数据信息都可以在这里显示。

【任务实施】

2.3.1　启动 ArcCatalog

(1) 如果在安装 ArcGIS 过程中, 已经创建了桌面快捷方式, 则直接双击 ArcCatalog 快捷方式, 启动应用程序。

(2) 如果没有创建桌面快捷方式, 则鼠标左键单击 Windows 任务栏的【开始】→【程序】→【ArcGIS】→【ArcCatalog】, 启动应用程序。

2.3.2 连接文件夹

ArcCatalog 不会自动访问本地磁盘的地理数据, 所以要对本地磁盘的地理数据进行访问管理, 首先要把此地理数据添加至目录树中。

(1) 在 ArcCatalog【标准】工具栏, 例如, 左键单击【连接到文件夹】按钮, 打开【连接到文件夹】对话框, 查找路径, 浏览文件夹, 选择要访问的文件夹, 单击【确定】按钮, 则建立连接, 该连接将出现在 ArcCatalog 目录树中。

(2) 在 ArcCatalog【目录树】窗口, 右键单击【文件夹连接】, 弹出快捷菜单, 左键单击【连接文件夹】命令, 弹出【连接到文件夹】对话框, 查找路径, 浏览文件夹, 选择要访问的文件夹, 单击【确定】按钮, 则建立连接, 该连接将出现在 ArcCatalog 目录树中。

2.3.3 断开文件夹连接

有时在【目录树】窗口中, 文件夹连接太多, 不利于管理访问, 这时就需要进行文件夹的断开操作。

(1) 在【目录树】窗口, 选中要断开连接的文件夹, 然后在【标准】工具栏, 左键单击【断开与文件夹的连接】按钮, 则该条选中的文件夹记录就不在【目录树】窗口显示。

(2) 在【目录树】窗口, 右键单击选中要断开连接的文件夹, 弹出下拉快捷菜单, 左键单击选择【断开文件夹连接】命令即可。

2.3.4 数据浏览

(1) 内容浏览

在 ArcCatalog【目录树】窗口中, 左键单击选择一个文件夹或数据库, 在【内容显示窗口】切换到【内容】选项卡, 则选中文件夹或者数据库中的内容就会显示在内容显示窗口, 对于显示内容, 有四种排列显示方式, 分别为大图标、列表、详细信息和缩略图, 如图 2-20所示。

(2) 数据预览

例如, 在 ArcCatalog【目录树】窗口中, 左键单击选择一个数据"九潭工区 + . shp", 在【内容显示窗口】切换到【预览】选项卡, 则可预览到相应的信息。若窗口界面下方的【预览】选择为"地理", 则可预览该数据的空间信息, 若选择"表", 则可预览该数据的属性信息, 如图 2-21 所示。

(3) 元数据信息浏览

元数据是指对数据基本属性的说明, 通过元数据能更方便地进行数据的共享与交流。ArcGIS 使用标准的元数据格式记录空间数据的主题、关键字、成图目的、成图单位、成图时间、完成或更新状态、坐标系统、属性字段等的一些基本信息, 在目录树中查看数据的

大图标方式排列　　　　　　　　　　　　　列表方式排列

详细信息方式排列　　　　　　　　　　　　缩略图方式排列

图 2-20　内容显示窗口中的 4 种数据内容浏览方式

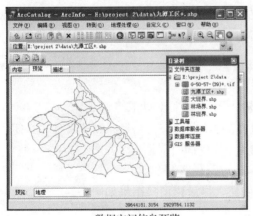

数据空间信息预览　　　　　　　　　　　数据属性信息预览

图 2-21　数据预览

元数据信息，例如，在 ArcCatalog【目录树】窗口中左键单击选择一个数据"九潭工区+.shp"，在【内容显示窗口】切换到【描述】选项卡，就可以查看数据的元数据信息，如图 2-22 所示。

图 2-22 元数据信息浏览

2.3.5 创建图层文件

在 ArcCatalog 中创建图层文件有两种方式，通过菜单创建或通过数据创建。

1）通过菜单创建

（1）打开【创建新图层】对话框

①在 ArcCatalog【目录树】窗口中，右键单击选中要创建图层文件的文件夹，弹出下拉快捷菜单，左键单击【新建】→【◆图层】命令，打开【创建新图层】对话框。

②在 ArcCatalog【目录树】窗口中，左键单击选中要创建图层文件的文件夹，在 ArcCatalog菜单栏，左键单击【文件】→【新建】→【◆图层】命令，打开【创建新图层】对话框。

（2）设置【创建新图层】对话框（图 2-23）。

①在【为图层指定一个名称】文本框中输入图层文件名"九潭工区"。

②单击浏览数据按钮🗁，打开【浏览数据】对话框，查找路径，浏览文件，选定创建图层文件的地理数据，单击【添加】按钮，关闭【浏览数据】对话框。

③左键单击选中【创建缩略图】和【存储相对路径名】复选框。

④单击【确定】按钮，完成图层文件的创建，目录树窗口结果如图 2-24 所示。

（3）属性设置

双击"九潭工区"图层文件，打开【图层属性】对话框，进行图层名称、标注、符号等属性的设置。

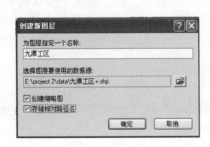

图 2-23 【创建新图层】对话框设置图

图 2-24 创建新图层目录树结果

2)通过数据创建

在 ArcCatalog【目录树】窗口中，右键单击选中要创建图层文件的地理数据"九潭工区"，弹出下拉快捷菜单，左键单击【◆创建图层】命令，打开【将图层另存为】对话框，指定保存位置和输入图层文件名，单击【保存】按钮，完成图层文件的保存。

2.3.6 创建图层组文件

1)通过菜单创建

（1）在 ArcCatalog【目录树】窗口中，右键单击选中要创建图层文件的文件夹，弹出下拉快捷菜单，左键单击【新建】→【◆图层组】命令，则创建新图层组文件，并重命名为"各界限.lyr"

（2）双击"新建图层组.lyr"名称，打开【图层属性】对话框，并进行设置，如图 2-25 所示。

①在【图层属性】对话框，切换到【常规】选项卡，修改图层名称为"各界限"。

②在【图层属性】对话框，切换到【组合】选项卡，左键单击【添加】按钮，打开【添加数据】对话框，查找路径，浏览文件，选择要进行组合的数据"林场界""林班界""大班界"。

（3）单击【确定】按钮，完成图层组文件的创建。

2)通过数据创建

在 ArcCatalog【目录树】窗口中，左键单击选中存放数据的文件夹，在【内容显示窗口】切换到【内容】选项卡，按住 Shift 键或 Ctrl 键，选中多个地理数据（数据格式必须一致），在任意一个地理数据上点右键，弹出快捷菜单，左键单击【◆创建图层】命令，打开【将图层另存为】对话框，指定保存位置和输入图层组文件名，单击【保存】按钮，完成图层组文件的创建与保存。

图 2-25 添加图层组数据

2.3.7 导出数据

在 ArcCatalog【目录树】窗口中，右键单击选中要素类文件，弹出下拉快捷菜单，左键单击【导出】并选择要导出的数据类型，打开对话框，输入导出要素类的文件名和位置，按【确定】按钮即可。

2.3.8 退出 ArcCatalog

单击 ArcCatalog 窗口右上角的【关闭】按钮![X]，退出 ArcCatalog。或者在 ArcCatalog 菜单栏，左键单击【文件】→【退出】，退出 ArcCatalog。

任务 2.4 ArcToolbox 应用基础

【任务描述】

ArcToolbox 是地理资料处理工具的主要集合处，会整合在其他 ArcGIS 应用程序组件里面。ArcToolBox 包含了 ArcGIS 地理处理的大部分分析工具和数据管理工具。通过本任务的学习，要求学生熟悉 ArcToolbox 工具箱中常用的工具，能够进行 ArcToolbox 各工具的调用与环境设置，为后续软件操作处理地理数据奠定基础。

【知识准备】

（1）ArcToolbox 简介

ArcToolbox，顾名思义就是工具箱，它提供了极其丰富的地理数据处理工具。涵盖数据管理、数据转换、矢量数据分析、栅格数据分析、统计分析等多方面的功能。能够进行基本常规的地理数据处理，如合并、剪贴、分割图幅等复杂编辑；在 GIS 数据库中建立并集成 Shp、Coverage、Geodatabase、TIN/Grid 等多种格式数据；能够进行不同格式空间数据的相互转化；能够进行高级 GIS 分析（叠加分析、淹没分析、路径分析等）；还能创建复杂拓扑处理与拓展高级空间分析。其窗口界面如图 2-26 所示。

（2）ArcToolbox 工具集介绍

ArcToolbox 工具条目众多，为了便于管理及使用方便，一些功能接近或者属于同一种类型的工具被集合在一起，称为工具集。ArcToolbox 工具集主要包括 3D 分析工具、分析工具、制图工具、转换工具、数据管理工具、地理编码工具、线性参考工具、空间分析工具、空间统计工具等。

①3D 分析工具　3D 分析工具可以创建和修改 TIN 以及三维表面，并从中抽象出相关信息和属性。创建表面和三维数据可以帮助看清二维形态中并不明确的信息。

②分析工具　分析工具针对所有类型的矢量数据，通过一整套的方法运行多种地理处理框架。主要实现的操作有联合、剪裁、相交、判别、拆分；以及缓冲区、近邻、点距离、频度、加和统

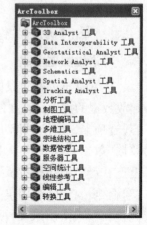

图 2-26　ArcToolbox 窗口

计等。

③制图工具　制图工具是根据特定的制图标准设计的，其包含了三种掩膜工具，与 ArcGIS 中其他大多数工具的目的性差异很明显。

④转换工具　转换工具可以进行栅格数据、Shapefile、Coverage、table、dBase、数字高程模型、以及 CAD 到空间数据库（Geodatabase）的转换等一系列不同数据格式的转换。

⑤数据管理工具　数据管理工具主要用来管理和维护要素类、数据集、数据层以及栅格数据结构，其提供的工具丰富且种类繁多。

⑥地理编码工具　地理编码又称地址匹配，是一个建立地理位置坐标与给定地址一致性的过程。使用该工具可以给各个地理要素进行编码操作、建立索引等。

⑦地统计分析工具　应用地统计分析工具可以创建一个连续表面或者地图，进行可视化及分析，便于更清晰地了解空间现象。，其提供的工具广泛且全面。

⑧线性要素工具　生成和维护实现由线状 Coverage 到路径的转换，由路径事件属性表到地理要素类的转换等。

⑨空间分析工具　空间分析主要是基于矢量数据进行，对此空间分析工具提供了很丰富的工具。在 GIS 数据类型中，矢量数据结构提供的用于空间分析的模型环境最为全面。

⑩空间统计工具　应用空间统计工具能够实现多种适用于地理数据的统计分析，其包含了分析地理要素分布状态的一系列统计工具。

【任务实施】

2.4.1　启动 ArcToolbox

在 ArcMap 或者 ArcCatalog 中，左键单击【ArcToolbox 窗口】按钮 ，打开 ArcToolbox 窗口。

2.4.2　激活扩展工具

ArcGIS 扩展工具提供了额外的 GIS 功能，大多数扩展工具是拥有独立许可证的可选产品。用户可以选择安装。

（1）启动 ArcMap，在其菜单栏，左键单击【自定义】→【扩展模块】命令，打开【扩展模块】对话框，如图 2-27 所示。

（2）左键单击勾选"3D Analyst"前面的复选框，安装 3D Analyst 工具，单击【关闭】按钮即可。

（3）双击 3D Analyst 工具集中的工具复选框，就可以打开运行这些工具，如果没有加载这个扩展工具，其中的工具是不可运行的。

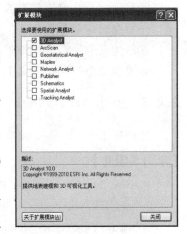

图 2-27　【扩展模块】对话框

2.4.3　创建个人工具箱

ArcGIS 允许用户创建自己的工具箱，在个人工具箱里，用户可以放入感兴趣的工具集或工具，具体操作如下：

（1）在 ArcCatalog 目录树窗口中选择【工具箱】→【我的工具箱】，右键单击，弹出下拉快捷菜单，左键单击选择【新建】→【工具箱】，则生成一个新的工具箱（.tbx）。

（2）右键单击新生成的工具箱，在弹出的快捷菜单中，左键单击【新建】→【工具集】命令，则工具箱添加工具集"Toolset"。

● 注意 此处可以根据需要给工具集重命名。

（3）右键单击新添加的工具集"Toolset"，在弹出的快捷菜单中，左键单击【添加】→【工具】命令，弹出【添加工具】对话框。

（4）在【添加工具】对话框，左键单击勾选要添加的工具集或工具的复选框，单击【确定】按钮，添加工具，如图2-28所示。

（5）在 ArcToolbox 窗口的空白处右击，弹出快捷菜单，左键单击【■ 添加工具箱】选项，打开【添加工具箱】对话框，找到刚才建立的工具箱加入到 ArcToolbox 中，即可在 ArcToolbox 窗口中显示。

图 2-28 【添加工具】对话框

2.4.4 工具箱管理工具

在 ArcToolbox 窗口的任意一个工具箱上右键单击，打开快捷菜单，常用的菜单如下：

①复制命令 复制一个工具箱或者工具（仅在自定义工具箱）。

②粘贴命令 将复制的工具箱或者工具粘贴到其他工具箱里。

③移除命令 将不需要的工具箱或者工具移除。

④重命名命令 重命名工具箱或者工具。

⑤新建命令 在自定义工具箱或工具集中新建工具集或模型。

⑥添加命令 向自定义工具箱或工具集中添加脚本和工具。

2.4.5 退出 ArcToolbox

左键单击 ArcToolbox 窗口右上角的【关闭】按钮☒，则退出 ArcToolbox 窗口。

【学习资源库】

1. www.3s001.com 地信网

2. http：//3ssky.com/ 遥感测绘网

3. http：//www.gisrorum.net 地理信息论坛

4. http：//training.esrichina-bj.cn/ ESRI 中国社区

5. http：//www.youku.com ArcGIS10 视频教程专辑

6. http：//wenku.baidu.com/ 百度文库

7. http：//www.gissky.net/ GIS 空间站

单元二
林业 GIS 数据处理与分析

    GIS 在林业上的应用，主要包括海量数据处理能力及其强大的空间分析功能，特别是在林业资源管理中，通过 GIS 的作用使林业领域的各种信息进行及时的整合，最终实现对森林资源的监管及更好地经营管理。本单元包括 6 个项目，22 个任务，具体内容包括林业 GIS 空间数据库的创建和管理、林业 GIS 数据空间参考与变换、林业 GIS 空间数据的采集与编辑、数据检查，林业 GIS 空间数据图层处理，以及林业 GIS 数据空间分析等，详细介绍了 ArcGIS 在林业资源信息管理中的应用操作。

项目3 林业 GIS 空间数据库的创建和管理

GIS 是一个"用于地理的信息系统"的，世界上独一无二的数据库—空间数据库。从根本上说，GIS 是基于一种使用地理术语描述世界的结构化数据库。本项目共包括 Shapefile 文件的创建与管理、地理数据库（Geodatabase）的创建与管理两个任务，从建立并管理 Shapefile 文件入手，进而建立地理数据库。通过两个任务的实施完成，使学生能够深刻领会 GIS 空间数据库的含义、类型及应用，能够独立建立林业空间数据库，掌握林业 GIS 数据存储格式。基于不同的数据资料，能够建立 Shapefile 文件或者 Geodatabase 文件，并根据生产实际，进行数据库的管理工作并灵活应用于生产实际。

【学习目标】

1. 知识目标

（1）能够掌握 Shapefile 文件的组成

（2）能够掌握地理数据库的含义、类型及设计方法

（3）能够领会数据库相关的，如要素、要素类等的基本概念

（4）能够领会地理数据库的数据存储原理

2. 技能目标

（1）能够独立进行 Shapefile 文件的创建与管理工作

（2）能够独立进行地理数据库的创建与管理工作

（3）能够根据林业生产实际情况，灵活选择选择不同类型 Shapefile 文件进行创建并管理，应用于生产实际

（4）能够根据林业生产实际情况，灵活选择并进行地理数据库的创建与管理，应用于生产实际

（5）能够领会地理数据库在数据组织和应用上的强大优势及在林业上的应用，具备基于 GIS 进行森林资源空间数据库管理的基本业务素质

任务3.1 Shapefile 文件的创建与管理

【任务描述】

Shapefile 文件是 GIS 的一种数据存储格式，本任务要求学生基于 ArcCatalog 和 ArcMap 两种方法创建 Shapefile 文件和 dBASE 表。通过本任务的完成，要求学生掌握 Shapefile 文件的组成，熟悉 ArcGIS 软件操作，能够根据不同情况，建立适当的 Shapefile 文件和 dBASE 表，进行管理并应用于实际生产。

【知识准备】

GIS 是根据地理数据模型实现在计算机上存储、组织、处理、表示地理数据，数据模

型是将采集后的数据组织在数据库中，从而反映客观事物及其联系。目前 GIS 储存数据主要有 Shapefile 、Coverage 和 Geodatabase 三种文件格式，在林业上应用比较多的是 Shapefile 和 Geodatabase 两种文件格式。

（1）数据库与空间数据库

数据库是存储在计算机中、按一定数据模型组织、可共享的数据集合，这些数据用于各种应用系统中。数据库中数据的特点：①数据是持久的；②数据是集成的；③数据是共享的；④数据按一定的数据模型组织、描述和存储。

空间数据库与一般数据库相比，具有以下特点：①数据量特别大，地理系统是一个复杂的综合体，要用数据描述各种地理要素，尤其是要素的空间位置，其数据量往往很大。②不仅有地理要素的属性数据（与一般数据库中的数据性质相似），还有大量的空间数据，即描述地理要素空间分布位置的数据，并且这两种数据之间具有不可分割的联系。③数据应用广泛，例如，地理研究、环境保护、土地利用与规划、资源开发、生态环境、市政管理、道路建设等。

（2）GIS 数据库管理方式

①对不同的应用模型开发独立的数据管理服务，这是一种基于文件管理的处理方法。

②在商业化的 DBMS 基础上开发附加系统。开发一个附加软件用于存储和管理空间数据和空间分析，使用 DBMS 管理属性数据。

③使用现有的 DBMS，通常是以 DBMS 为核心，对系统的功能进行必要扩充，空间数据和属性数据在同一个 DBMS 管理之下。需要增加足够数量的软件和功能来提供空间功能和图形显示功能。

④重新设计一个具有空间数据和属性数据管理和分析功能的数据库系统。

（3）Shapefile 文件相关的基本概念

①要素　在 GIS 中，要素（Feature）有一定的几何特征和属性，是空间矢量数据最基本的、不可分割的单位，其有点、线、面、体四种类型。

②表（Table）　指表示要素各种属性的表（dBASE），里面有许多字段，可以进行编辑和管理。

③Shapefile 文件　指要素，是一种基于文件方式存储空间数据的数据格式，其文件类型有点、多点、线、面、多面体五种类型。

（4）Shapefile 文件组成

一个 Shapefile 文件至少由主文件（ ＊.shp）、索引文件（ ＊.shx）、表文件（ ＊.dbf）三个文件组成。其中，主文件（ ＊.shp）是储存地理要素的几何关系的文件；索引文件（ ＊.shx）是储存图形要素的几何索引的文件；表文件（ ＊.dbf）是储存要素属性信息的 dBASE 文件（关系数据库文件）。除此之外，有时还会出现坐标系统文件（ ＊.prj）、元数据文件（ ＊.xml）、索引文件（ ＊.sbn）、索引文件（ ＊.ain）、索引文件（ ＊.aih）等。当执行类似选择"主题之主题""空间连接"等操作，或者对一个主题（属性表）的 shape 字段创建过一个索引时，索引文件（ ＊.sbn）就出现；当执行"表格链接（link）"操作时，坐标系统文件（ ＊.prj）和元数据文件（ ＊.xml）就会出现；索引文件（ ＊.ain）和索引文件（ ＊.aih）是储存地理要素主体属性表或其他表的活动字段的属性索引信息文件。

【任务实施】

Shapefile 文件的创建基于 ArcCatalog 和 ArcMap 两种方法操作，在林业应用中的文件类型主要有点、线、面三种类型，在实际生产中，可以根据实际情况，选择自己熟悉的操作方法，建立合适的文件类型。下面以 Shapefile 文件为例，分别介绍基于 ArcCatalog 和 Arc-Map 两种方法创建 Shapefile 文件。

3.1.1 基于 ArcMap 创建 Shapefile 文件和 dBASE 表

（1）启动 ArcMap，左键单击【目录窗口】图标 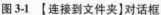，调出【目录】窗口。

（2）在【目录】窗口工具栏，左键单击选中【文件夹连接】，单击右键弹出下拉菜单，或者在菜单栏右键单击【文件夹连接】→【连接文件夹】命令，打开【连接到文件夹】对话框，查找路径，浏览文件夹，选择要存放 Shapefile 文件的文件夹（如位于"… \ project3 \ 任务3.1 \ result），如图 3-1 所示。

● 注意 •在建立 Shapefile 文件时，如果已经打开了底图文件，则此时直接在【目录】窗口，左键单击【文件夹连接】图标 ➕ 或左键双击【文件夹连接】名称，弹出下拉菜单，选择存放路径与要存放 Shapefile 文件的文件夹即可。

•如果【文件夹连接】下拉菜单目录太多，则此时右键选中文件夹名称，弹出下拉菜单，选择【断开文件夹连接】，即可从列表中删除此目录文件夹，如图 3-2 所示。

图 3-1 【连接到文件夹】对话框

图 3-2 【断开文件夹连接】操作

（3）在【目录】窗口，左键单击【文件夹连接】图标 ➕ 或右键双击【文件夹连接】名称，弹出下拉菜单，选择存放路径与要存放 Shapefile 文件的文件夹（如"… \ project3 \ 任务 3.1 \ result"）。

（4）右键选中选择好的路径与文件夹名称（如"… \ project3 \ 任务 3.1 \ result"），弹出下拉菜单，选择【新建】→【Shapefile（S）】命令，左键单击【Shapefile（S）】命令，弹出【创建新 Shapefile】对话框，如图 3-3(a)所示。

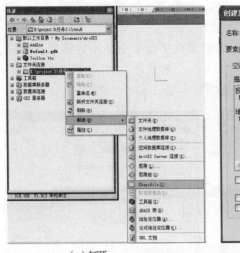 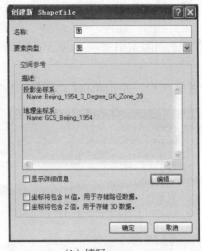

(a)打开　　　　　　　　　　　　　(b)填写

图 3-3　【创建新 Shapefile】对话框

(5)填写【创建新 Shapefile】对话框，如图 3-3(b)所示。

①键入【名称】　面；确定【要素类型】：面，注意此处对于要素类型的选择，要根据工作实际情况选择合适的点、线或面类型。

②选择【空间参考】　左键单击【编辑】按钮 █编辑█，打开【空间参考属性】对话框，确定文件的坐标系：Projection：Gauss_ Kruger，Geographic Coordinate System：GCS_ Beijing_ 1954。

● 注意　此处的坐标系统要根据工作地的地理位置(当地经纬度，或者地形图投影情况)选择合适的地理坐标和投影坐标。关于坐标系统的选择，将在"项目 4 - 任务 4.1：定义投影"有详细介绍，在此不再赘述。

③左键单击【确定】按钮，完成 Shapefile 文件的创建，获取的 Shapefile 文件组成，如图 3-4 所示。

图 3-4　Shapefile 文件组成

(6)在【目录】窗口，单击【文件夹连接】命令，弹出下拉菜单，右键选中"面 . shp"文件，弹出下拉菜单，左键单击【属性】命令，弹出【Shapefile 属性】对话框。

(7)根据不同的工作需求，设置【Shapefile 属性】对话框，如图 3-5 所示。

①不可更改文件名称及类型，可更改设置坐标系。

②可修改增加字段，键入字段名称，如处理森林资源数据，可以创建小班编号、行政

代码、权属、地类、小班面积等不同的字段名称。根据每一列字段里所输入内容的不同，每个字段名要选择不同的数据类型包括文本、长整型、短整型、双精度等，如图3-5（a）所示。

③可增加或删除索引字段，勾选字段则增加该字段索引，不勾选即为删除，如图3-5（b）所示。

（8）设置完成后，左键单击【确定】按钮即可。

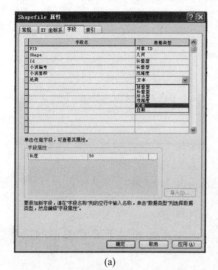 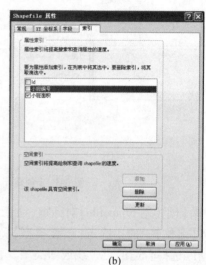

(a)   (b)

图 3-5 【Shapefile 属性】对话框

● 注意 • 还可在 ArcMap 中新建单独的 dBASE 表，做法与 Shapefile 文件创建相同。

• 关于要素的属性表（Table）的创建与管理，将在"项目5-任务5.4：属性表编辑与管理"有详细介绍，在此不再赘述。

3.1.2 基于 ArcCatalog 创建 Shapefile 文件和 dBASE 表

启动 ArcCatalog，左键单击【"目录树"窗口】图标 [图]，调出【目录树】窗口。在【目录树】窗口→【文件夹连接】→【连接到文件夹】→【新建】→【Shapefile（S）】命令，设置【创建新 Shapefile】对话框与【Shapefile 属性】对话框，做法与 ArcMap 中创建 Shapefile 文件和 dBASE 表相同，只是创建文件的启动环境不同。

3.1.3 Shapefile 文件编辑

关于 Shapefile 文件的编辑，一是几何图形数据的编辑，请参考"项目5-任务5.1：要素编辑"；二是属性表的编辑，具体操作参考"项目5-任务5.4：属性表编辑与管理"，在此不再赘述。

3.1.4 Shapefile 文件保存与管理

Shapefile 文件编辑好之后，如果只是单纯保存编辑好的 Shapefile 文件内容，则左键单击【编辑器】下拉菜单→【保存编辑内容(S)】命令即可；如果有多个 Shapefile 文件并进行了相关的编辑，则可以保存工作空间进行所有内容的同时保存，左键单击【文件】→【保存】命令，弹出【另存为】对话框，设置保存路径，键入文件名称，保存为地图文档(. mxd)即可；若要进行数据的导出工作，则在 ArcMap【内容列表】窗口，右键单击数据文件(. shp)名称，弹出下拉菜单，左键单击【数据】→【导出数据】命令，弹出【导出数据】对话框，进行相关设置，设置保存路径与数据文件名称等即可。

● 注意　●如果要对 Shapefile 文件进行复制移动处理，必须要将 shapefile 文件中的所有文件全部复制移动，不能只是复制 ∗. shp 文件。

●Shapefile 文件不储存拓扑关系、投影信息和地理实体符号化信息，仅储存空间数据的几何特征和属性信息，若要迁移数据保持符号化信息不变，需要使用地图文档格式(. mxd)或图层文件格式(. lyr)。

●此处在保存地图文档(. mxd)时，为保证复制移动地图文档(. mxd)后，仍能打开并进行相关编辑处理，则在保存之前，左键单击【文件】→【地图文档属性(M)】命令，打开【地图文档属性】对话框→勾选【路径名】：存储数据源的相对路径名(R)即可。同时要保证其他相关的 Shapefile 文件等仍存在于电脑上，否则只有地图文档(. mxd)，即使打开也没有意义。

任务 3.2　地理数据库的创建与管理

【任务描述】

地理数据库是 GIS 的一种非常重要的数据存储格式，本任务要求学生基于 ArcCatalog 创建地理数据库(文件)。通过本任务的完成，要求掌握地理数据库的含义及组成，熟悉 ArcGis 软件操作，领会 GIS 强大的海量数据处理能力，能够根据给定资料情况，建立地理数据库进行管理并应用于实际生产。

【知识准备】

(1)地理数据库相关基本概念

①要素(feature)　在 GIS 中，要素(feature)有一定的几何特征和属性，是空间矢量数据最基本的、不可分割的单位，其有点、线、面、体 4 种类型。

②要素类(feature class)　在 GIS 中即指要素集合，这些集合要素具有相同的几何特征，如点、线、面或体等的集合，表现为 shapefile 或者是 Geodatabase 中的 feature class。

③要素数据集(feature dataset)　是指 GIS 中相同要素类的集合，表现为 Geodatabase 中的 feature dataset，在一个数据集中所有的 feature class 都具有相同的坐标系统，一般也是在相同的区域。

④数据框架(data frame)　又称为图层，是 feature class 的表现，由多个要素数据集和要素组成，相当于装载要素数据集和要素的容器。

⑤表(table)　指表示要素各种属性的表(dBASE)，里面有许多字段，可以进行编辑和管理。

（2）地理数据库

数据库，是指为了一定目的，在计算机系统中以特定的结构组织、存储和应用相关联的数据集合。数据库是一个信息系统的重要组成部分，是数据库系统的简称。

空间数据库，也就是地理信息系统数据库，或地理数据库。是某一区域内关于一定地理要素特征的数据集合，为 GIS 提供空间数据的存储和管理方法，其包含如下三方面的信息：地理表现形式，描述性的属性以及空间关系。①地理表现形式即用户要指定要素该如何合理的表现，如林业小班用多边形表示。②描述性的属性即传统的描述地理对象的属性表，如林业小班的相关信息包括小班面积、小班编号、树种组成、郁闭度等，许多表和空间对象之间可以通过它们所共有的字段（也常称为"关键字"）相互关联。③空间关系一般指拓扑和网络，如林业小班相互之间的"邻居"关系，小班相邻等。使用拓扑是为了管理要素间的共同边界、定义和维护数据的一致性法则，以及支持拓扑查询和漫游（如确定要素的邻接性和连接性）。拓扑也用于支持复杂的编辑，和从非结构化的几何图形来构建要素（如用线来构建多边形）。网络是描述一个能够相互贯通的 GIS 对象相连的图。

地理数据库是一种面向对象的空间数据模型，能够表示要素的自然行为和要素之间的关系，其是按照层次型的数据对象组织地理数据，这些数据对象包括对象类（object class）、要素类（feature classes）、要素数据集（feature dataset）和关系类（relationship classes）。Geodatabase 是 ArcGIS 数据模型发展的第三代产物，也可以将其看作一种数据格式，它是将矢量、栅格、地址、网络和投影信息等数据一体化存储和管理。其是在公共框架下，处理 GIS 的数据模式。所有数据都存储在关系数据库管理系统（RDBMS）中，包括地理数据集框架与规则、空间数据、属性数据。同一类型的点、线、面可以放在一个数据集中，平面拓扑共享公共几何特征要素也要放在一个数据集中。Geodatabase 有文件地理数据库（*.gdb）、个人地理数据库（*.mdb）二种常用类型，在大型企业中有时也会建立企业地理数据库。

【任务实施】

基于 ArcGIS 中的 ArcCatalog 建立地理数据库通常有 3 种方法：①从头开始新建一个地理数据库；复制已有的数据到地理数据库；②用 CASE 工具建立地理数据库。具体选择哪种方法建立数据库，要根据实际情况而定，如数据源是否在地理数据库中存放定制对象等。在实际操作中，经常是多种方法联合起来交叉应用。

一个空的地理数据库的基本组成项包括要素数据集、要素类、表、关系类及栅格目录、镶嵌数据集、栅格数据集、工具箱等。当数据库中建立了要素数据集、要素类、属性表三项，并加载数据后，一个简单的地理数据库就建成了。

3.2.1　创建地理数据库

（1）启动 ArcCatalog，在【目录树】窗口右键单击【文件夹连接】→【连接文件夹】命令，打开【连接到文件夹】对话框，查找路径，浏览文件夹，选择要存放地理数据库的文件夹（如"…\ project3 \ 任务 3.2 \ result"）。

（2）在【目录树】窗口，右键单击选中存放地理数据库的路径与文件夹名称（如"…\

project3 \ 任务 3.2 \ result"),弹出下拉菜单,左键单击【新建】→【文件地理数据库(O)】命令,创建"新建文件地理数据库.gdb",可以根据需要更改名字。

● 注意 此处新建地理数据库有两种选择,分别为文件地理数据库和个人地理数据库,两者区别如下。文件地理数据库:在文件系统中以文件夹形式存储,指在文件系统文件夹中保存的各种类型的 GIS 数据集的集合,每个数据集都以文件形式保存,该文件大小最多可扩展至 1 TB,在文件系统文件夹中存储和管理的 ArcGIS 且使用的本机数据格式,且使用文件地理数据库而不是个人地理数据库。个人地理数据库:所有的数据集都存储于 Microsoft Access 数据文件内,为在 Microsoft Access 数据文件中存储和管理的 ArcGIS 地理数据库的原始数据格式。此数据格式的大小有限制,其数据文件的大小最大为 2 GB,且仅适用于 Windows 操作系统。

3.2.2 创建要素数据集

左键单击选中"新建文件地理数据库.gdb",右键单击弹出下拉菜单,或者直接右键单击"新建文件地理数据库.gdb",弹出下拉菜单,左键单击【新建】→【要素数据集】命令,调出【新建要素数据集】对话框,按照步骤提示,分步骤填写设置【新建要素数据集】对话框。

(1)键入要素数据集的名称:新建要素数据集,如图 3-6(a)所示。

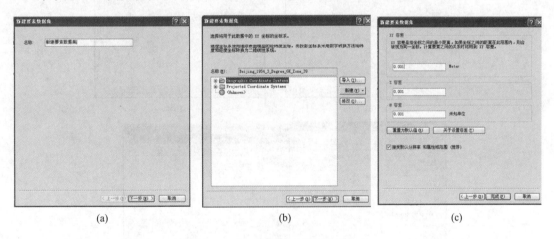

| (a) | (b) | (c) |

图 3-6 【新建要素数据集】对话框

(2)设置坐标系统[图 3-6(b)],可选择预先定义的坐标系,也可导入已有的要素数据集的坐标系或独立要素坐标系统,还可自己新建,要根据具体情况选择合适的方法定义坐标系统,具体参照"项目 4-任务 4.1:定义投影"。

(3)设置容差(XY 容差、Z 容差和 M 容差),一般选中"接受默认分辨率和属性域范围(推荐)"复选框,如图 3-6(c)所示。

(4)左键单击【完成】按钮,完成"新建要素数据集"的创建,其位于"… \ project3 \ 任务 3.2 \ result \ 新建文件地理数据库.gdb。

3.2.3 创建要素类

要素类分为简单要素类和独立要素类。简单要素类即数据集的要素类，存放在要素数据集中，使用要素数据集坐标，不需要重新定义空间参考。独立要素类是创建在文件地理数据库中，而不是创建在要素数据集中，独立要素类可以包括点、线、面、体、注记等要素类。独立要素类必须重新定义空间参考坐标、投影系统参数以及 XY 域。

1)创建要素数据集的要素类

（1）新建要素类

左键单击选中"新建要素数据集"，右键单击弹出下拉菜单，或者直接右键单击"新建要素数据集"，弹出下拉菜单，左键单击【新建】→【要素类】，调出【新建要素类】对话框，按照步骤提示，分步骤填写设置【新建要素类】对话框，如图 3-7 所示。

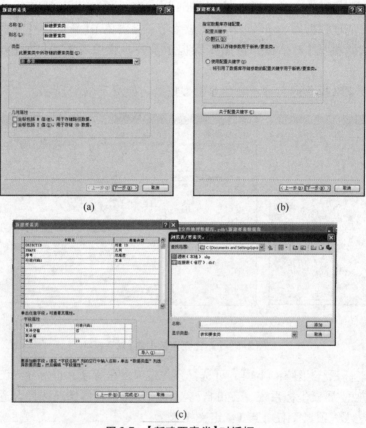

(a)　　　　　　　　　　(b)

(c)

图 3-7 【新建要素类】对话框

①键入要素【名称】：新建要素类，键入【别名】：新建要素类，选择【此要素类中所存储的要素类型】：面要素，如图 3-7(a)所示。

● **注意** 此处要素类型有点、线、面、体、注记等类型，可根据实际情况选择合适类型。

②指定数据库存储配置，一般选择默认(D)，如图 3-7(b)所示。

③进行属性表字段设置，可直接添加字段名并确定数据类型，也可导入已经建好的表，如图 3-7(c)所示。

④左键单击【完成】按钮，完成数据集要素类的创建，存放于"… \ project3 \ 任务 3.2 \ result \ 新建文件地理数据库 . gdb \ 新建要素数据集"。

(2)导入已建好的要素类

左键单击选中"新建要素数据集"，右键单击弹出下拉菜单，或者直接右键单击"新建要素数据集"，弹出下拉菜单，左键单击【导入】→【要素类(单个)】或者【要素类(多个)】命令，调出对话框，按照步骤提示，完成填写设置对话框即可。

● 注意　●如果选择【导入】→【要素类(单个)】，则调出【要素类至要素类】对话框，一次只能输入一个要素，如图 3-8(a)所示。如果选择【导入】→【要素类(多个)】，则调出【要素类至地理数据库(Geodatabase)(批量)】对话框，一次可以加载多个要素，如图 3-8(b)所示。

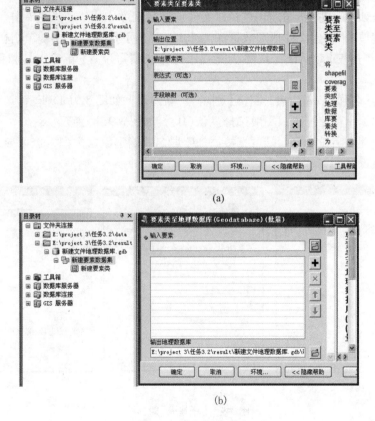

图 3-8　导入要素类

●【要素类至地理数据库(Geodatabase)(批量)】对话框，加载多个要素时，加载的要素必须是同类型的要素才可，如都是点、线或面等。

2）创建独立要素类

独立要素类与数据集的要素类主要区别在于两者存放位置不同，后者存放于数据集中，而前者存放于数据库中的数据集外。其操作如下：左键单击选中"新建文件地理数据库 . gdb"，右键单击弹出下拉菜单，或者直接右键单击"新建文件地理数据库 . gdb"，弹出下拉菜单，左键单击【新建】→【要素类】命令，调出【新建要素类】对话框，按照步骤提示，完成填写设置【新建要素类】对话框即可，具体参考"3. 2. 3 创建要素类中的（1）新建要素类"。

3. 2. 4 创建独立表

表用于显示、查询和分析数据。行称为记录，列称为字段。每个字段可以储存一个特定的数据类型，如数字、日期和文本等。要素类实际上就是带有特定字段的表，这些字段可以用于储存点、线和多边形几何图形的 shape 字段。表是创建在要素数据集外的文件地理数据库中，而不是创建在要素数据集中。

具体操作如下：左键单击选中"新建文件地理数据库 . gdb"，右键单击弹出下拉菜单，或者直接右键单击"新建文件地理数据库 . gdb"，弹出下拉菜单，左键单击【新建】→【表】命令，调出【新建表】对话框，按照步骤提示，完成填写设置【新建表】对话框，如图 3-9 所示。

①键入表【名称】：新建表，键入【别名】：新建表，如图 3-9（a）所示。

②指定数据库存储配置，一般选择默认（D），如图 3-9（b）所示。

③进行属性表字段设置，既可直接添加字段名并确定数据类型，也可导入已经建好的表，如图 3-9（c）所示。

(a)

(b)

(c)

图 3-9 【新建表】对话框

3.2.5 数据导出

1)导出 XML 工作空间文档

（1）在 ArcCatalog【目录树】窗口，右键单击选中要导出的地理数据库、要素数据集、要素类或表，弹出下拉菜单，选择→【导出】→【XLM 工作空间文档】，弹出【导出 XML 工作空间文档】对话框。

（2）按照步骤提示，设置【导出 XML 工作空间文档】对话框，如图 3-10 所示。

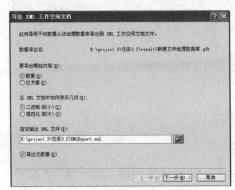
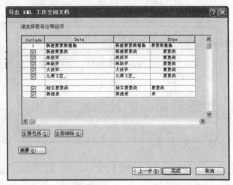

图 3-10　【导出 XML 工作空间文档】

①选择【要导出哪些内容】：数据。

● **注意**　此处有两种选择，【仅方案】指导出架构而不包含任何要素类和表记录，【数据】则包括所有内容。

②确定【在 XML 文档中如何表示几何】：二进制（较小）

③【指定输出 XML 文件】：左键单击图标 ，输入路径名称，确定文档存放位置。

④【请选择要导出哪些项】：在数据列表中勾选要导出的数据内容。

⑤单击【确定】按钮，数据导出完成。

2)要素类导出至其他地理数据库

（1）在 ArcCatalog【目录树】窗口，右键单击选中要导出的地理数据库、要素数据集、要素类或表，弹出下拉菜单，选择→【导出】→【转出至地理数据库（Geodatabase）（单个）】或者【转出至地理数据库（Geodatabase）（批量）】，分别弹出各自对应的对话框。

（2）设置导出要素类对话框。

①对于【要素类至地理数据库（Geodatabase）（批量）】对话框，要确定【输入要素】，指定路径，确定输出要素类的存放位置，如图 3-11（a）所示。

②对于【转出至地理数据库（Geodatabase）（单个）】对话框，要确定【输入要素】，指定路径，确定输出要素类的存放位置，还要键入输出要素类的名称，如图 3-11（b）所示。

(a)   (b)

图 3-11   要素类导出至其他地理数据库对话框

3.2.6   地理数据库的其他管理操作

（1）建立关系类

在 ArcCatalog【目录树】窗口，右键单击"新建文件地理数据库.gdb"或"新建要素数据集"名称，弹出下拉菜单，左键单击选择【新建】→【关系类】，弹出【新建关系类】对话框，按照步骤提示完成设置即可，如图 3-12 所示。

（2）地理数据库中加载数据

在 ArcCatalog【目录树】窗口，右键单击选中要加载数据的要素类、表名称，弹出下拉菜单，左键单击选择【加载】→【加载数据】，弹出【简单数据加载程序】对话框（图 3-13），按照步骤提示完成设置，选中相应数据进行加载即可。

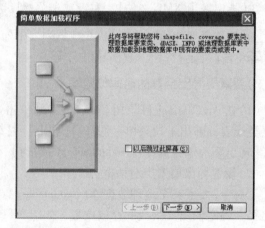

图 3-12 【新建关系类】对话框   **图 3-13 【简单数据加载程序】对话框**

● 注意   向地理数据库中加载数据的前提是，地理数据库中已经有要素或要素类，并且要加载数据的类型要和数据源类型一致，可以是 shapefile，也可以是 Coverage 要素类、dBASE、INFO 表格或 XML 工作空间文档等。

（3）创建空间索引

对于地理数据库中的表或要素类，可在适当的字段上建立索引以提高查询效率。

①在 ArcCatalog【目录树】窗口，右键单击选中要创建索引的要素类或表名称，弹出下拉菜单，左键单击选择【属性】，弹出【要素类属性】对话框或【表属性】对话框，在对话框左键选择【索引】标签，切换到【索引】选项卡。

②设置【索引】选项卡，单击【添加】按钮，打开【添加属性索引】对话框，在【名称】文本框中输入新索引的名称，在【可用字段】列表框中，单击选定想要建立索引的一个或多个字段，单击"←"按钮，把选定的字段移动到【选定字段】列表框，如果想删除索引字段，则左键单击"←"按钮即可，左键单击"↑"或者"↓"按钮，则可以对所选定字段调整其顺序，如图 3-14 所示。

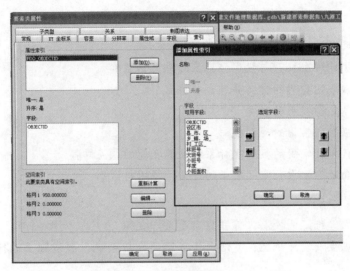

图 3-14　【要素类属性】对话框

项目 4　林业 GIS 数据空间参考与变换

　　林业 GIS 的应用主要基于其强大的海量数据处理能力，通过建立林业空间数据库并进行管理，应用于生产实际。而要准确地应用数据库，根据生产实际情况，建立合适的坐标系是数据库应用的前提。本项目共包括 4 个任务：定义投影、投影变换、地理配准、空间校正。通过 4 个任务的完成，使学生能够掌握坐标系统对于林业空间数据库的意义，并能够根据实际情况，对于不同的数据建立合适的坐标系并进行相应的变换与调整，使林业 GIS 数据更好地服务于生产实际。

【学习目标】

1. 知识目标

（1）能够掌握地理坐标系与投影坐标系的含义与区别

（2）能够掌握地图投影的定义并领会其应用

（3）能够熟悉地图投影的种类

（4）能够掌握我国常用的地图投影

（5）能够掌握我国常用的投影坐标系统及其之间的相互转换

（6）能够领会地理配准与空间校正的含义、应用与区别

2. 技能目标

（1）能够独立进行定义投影工作并应用于生产实际

（2）能够根据生产实际情况，灵活选择合适的坐标系统，并能独立进行投影坐标的转换工作

（3）能够根据林业生产实际情况，独立进行栅格数据的地理配准工作并用于生产实际

（4）能够根据林业生产实际情况，独立进行矢量数据的空间校正工作并用于生产实际

（5）能够领会投影坐标系统对于林业空间数据库的意义及作用，能够根据不同情况，灵活进行坐标系统的选择及转换，具备基于 GIS 进行森林资源空间数据库管理的基本业务素质

任务 4.1　定义投影

【任务描述】

　　具备投影坐标是林业 GIS 数据应用的前提，本任务要求学生对已丢失坐标系统的数据（例如，九潭工区 . shp）进行定义投影工作，重赋其坐标系统。通过任务的完成，要求学生掌握地理坐标系统与投影坐标系统的区别及地图投影的种类，领会定义投影的应用并能独立进行操作，灵活应用于生产实际。

【知识准备】

在 ArcGIS 中预设的坐标系统有地理坐标系统（geographic coordinate systems）、投影坐标系统（平面直角坐标）（projected coordinate systems）、高程坐标系统（vertical coordinate systems）3 种。其中，geographic coordinate systems 直译为地理坐标系统，是以经纬度为地图的存储单位的，即以经纬度为单位的大地坐标系。很明显，地理坐标系统是球面坐标系统。投影坐标系统，实质上便是 XY 平面坐标系统，其地图单位通常为米，在生产实际中，我们一般采用此坐标系统。

（1）地图投影的种类

地图投影，是指把地图从球面转换到平面直角坐标的数学变换，即将椭球面上各点的大地坐标，按着一定的数学法则，变换为平面上相应点的平面直角坐标。

地球表面经投影变换后其角度、面积、形状、距离会产生某种变形，变形虽不可避免，但可以控制，也就是可以使某一种变形为零，也可以使各种变形减少到最小程度，产生了各种不同的投影变换。

①按变形的性质分等角投影，等积投影，等距投影；

②按展开方式分方位投影、圆柱投影、圆锥投影；

③按投影面积与地球相割或相切分割投影和切投影。

随区域经纬度不同、地图比例尺不同及地图用途不同，地图投影方法也不同，现有地图投影方法共有 200 多种。但常用的也就 20 多种。

（2）我国常用的地图投影

我国主要采用高斯—克吕格投影。我国的基本比例尺地形图（1:5 千、1:1 万、1:2.5 万、1:5 万、1:10 万、1:25 万、1:50 万、1:100 万）中，大于等于 50 万的均采用高斯—克吕格投影（Gauss-Kruger），又称横轴墨卡托投影（Transverse Mercator）；小于 50 万的地形图采用正轴等角割圆锥投影，又称兰勃特投影（Lambert Conformal Conic）；海上小于 50 万的地形图多用正轴等角圆柱投影，又称墨卡托投影（Mercator），我国的 GIS 系统中应该采用与我国基本比例尺地形图系列一致的地图投影系统。

（3）高斯—克吕格投影

①高斯—克吕格投影描述及特征　高斯—克吕格投影是横轴等角切椭圆柱投影。从几何上分析，它用一个椭圆柱套在地球椭球体外面，并与某一子午线（此子午线称做中央经线）相切，使椭圆柱的中心轴位于椭球体的赤道面上。经纬线的投影是首先将中央经线向东和向西按一定经差范围，将经纬线交点投影到椭圆柱面上，再将此椭圆柱面沿着通过南北极的母线展为平面。

高斯投影特征：中央经线和赤道投影后为互相垂直的直线，且为投影的对称轴；投影具有等角的性质（投影后经纬线相垂直）；中央经线投影后保持长度不变。

高斯—克吕格投影的优点：等角性适合系列比例尺地图的使用与编制；经纬网和直角坐标的偏差小，便于阅读使用；计算工作量小，直角坐标和子午收敛角值只需计算一个带。

②高斯—克吕格投影分带

1）分带

在高斯—克吕格投影中，中央子午线投影为 X 轴；赤道投影为 Y 轴；其他经纬线的投影均为曲线，中央径线没变形，离中央径线愈远变形愈大，为减小变形采用分带投影的方法。

由于高斯—克吕格投影的变形大小与经差有关，经差愈大则变形愈大，因此这种投影在用于大比例尺地图中时都采用分带的方法，即将地球按一定的经差（6°，3°）分成若干互不重叠的带，各带分别投影，从而将变形控制在一定的精度范围内。

我国 1:2.5 万至 1:50 万的地形图，采用 6°带，1:1 万及更大比例尺图采用 3°带，具体划分如图 4-1 所示。

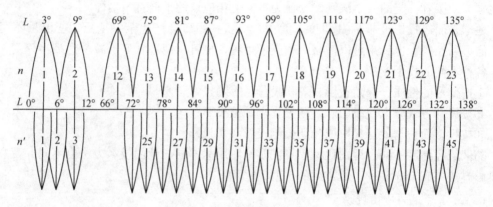

图 4-1 我国所跨高斯投影分带

a. 6°分带 首子午线开始，自西向东每隔经差 6°为一带，全球共分为 60 个投影带，依次编号 1、2、3…60。我国位于东半球，范围 72°~138°。跨 11 个 6°带，带号为 13~23。

b. 3°分带 从 1°30′子午线开始，自西向东每隔经差 3°为一带，全球划分 120 个带，带号依次 1、2、3…120。我国位置范围共跨 22 个 3°带，带号为 24~45。

2）带号计算

例如，设某地经度 118°56′34″，计算 n_6、n_3。

$$n_6 = \frac{l}{6°}（取商整数 +1）= \frac{118°56′34″}{6°} +1 = 19 +1 = 20$$

$$n_3 = \frac{118°56′34″}{3°}（四舍五入）= 39.6 \approx 40$$

带号与中央经线关系：

$$L_6 = n_6 \times 6° - 3° = 20 \times 6° - 3° = 120° - 3° = 117°$$

$$L_3 = n_3 \times 3° = 40 \times 3° = 120°$$

（5）高斯平面直角坐标

以中央经线为纵轴，以赤道纬度为横轴，建立直角坐标，如图 4-2 所示。

我国位于北半球，对于高斯平面直角坐标，任何点纵坐标为正值，横坐标有正有负，避免横坐标 Y 值出现负值，规定在 6°和 3°带中，将 Y 值均加上 500km。

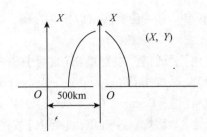

图 4-2　高斯平面直角坐标系

【任务实施】

对于 GIS 空间数据的定义投影工作，在 ArcGIS 中预设的坐标系统有地理坐标系统、投影坐标系统（平面直角坐标）、高程坐标系统 3 种。一般生产实际中，我们采用投影坐标系统（平面直角坐标），故在本任务及后续的三个任务实施里，均采用投影坐标系统（平面直角坐标）为例进行任务实施。

（1）启动 ArcMap，在工具栏，鼠标左键单击 ArcToolbox 图标，调出 ArcToolbox 窗口，在 ArcToolbox 窗口，左键双击【数据管理工具】→【投影和变换】→【定义投影】，打开【定义投影】对话框。

● 注意　此处是针对一幅图进行定义投影工作，如果是对多幅图进行定义投影工作，则右键单击【定义投影】命令，弹出下拉菜单，左键单击选择【批处理】命令，打开批处理【定义投影】对话框，进行相应的设置即可。

（2）设置【定义投影】对话框，如图 4-3 所示。

①确定要进行投影工作的数据，左键单击【输入数据集或要素类】图标，在【输入数据集或要素类】对话框中，查找路径（如位于"…\project4\定义投影\data\未投影 data"），浏览要素类文件，选择加载要进行投影工作的数据文件（例如，九潭工区 . shp）。

②设置坐标系，左键单击【坐标系】图标，打开【空间参考属性】对话框并进行设置，如图 4-4 所示。

图 4-3　设置【定义投影】对话框

图 4-4　设置【空间参考属性】对话框

在【空间参考属性】对话框里，有三种方法可以定义投影，在实际工作中，可以根据不同的情况，选择不同的方法。

方法一：在【空间参考属性】对话框，左键单击【选择】按钮，打开【浏览坐标系】对话框(图 4-5)，在对话框列表，左键双击【Projected coordinate systems】→【Gauss Kruger】→【Beijing 1954】→【Beijing_ 1954_ 3_ Degree_ GK_ Zone_ 39】，单击【确定】按钮即可。

方法二：在【空间参考属性】对话框，左键单击【导入】按钮，打开【浏览数据集】对话框(图 4-6)，查找路径，浏览文件，选择与要进行投影工作数据的投影一致的数据文件(如"⋯ \ project4 \ 定义投影 \ data \ 已投影 data \ 九潭工区 +")。

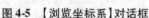

图 4-5 【浏览坐标系】对话框　　　　　　图 4-6 【浏览数据集】对话框

方法三：左键单击【新建】→【投影】，打开【新建投影坐标系】对话框(图 4-7)，进行对话框设置，新建一个坐标系，单击【完成】按钮即可。

(3)单击【确定】按钮，则定义投影工作完成，获得相应数据的坐标系。

(4)定义投影工作完成后，如果发现错误，可以进行修改(图 4-8)，具体操作如下：

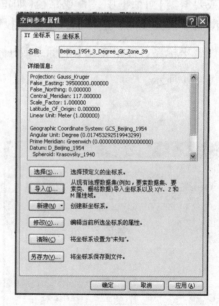

图 4-7 【新建投影坐标系】对话框　　　　图 4-8 修改【空间参考属性】对话框

①在【空间参考属性】对话框，左键单击【清除】按钮，则坐标系清除，然后重新进行坐标系设置即可。

②在【空间参考属性】对话框，左键单击【修改】按钮，则可以对当前所选的坐标系进行编辑修改。

(5)保存坐标系，在【空间参考属性】对话框，左键单击【另存为】按钮，打开【保存坐标系】对话框，查找路径文件存放坐标系即可。

● **注意** ●定义投影工作只有在图层数据缺少坐标系的情况下才需要进行，如不同GIS软件数据导入导出时，数据的坐标系丢失，这时需要进行定义投影工作。

●进行定义投影工作时，需要事先知道该数据的原坐标系，也就是说定义投影工作的实质是把数据丢失的原坐标系找回来，而不是重新赋予其一个新坐标系，那样会引起数据的变形而不能应用。如数据原先的坐标系为 beijing 1954，不能将其定义成 xi'an 1980，或者数据原先的坐标系为地理坐标系，不能将其定义成投影坐标系。

●需要进行地理坐标系与投影坐标系互转时，应该在投影转换工具中进行，此时栅格数据和矢量数据的转换工具不一样。

●本任务是根据生产实际应用投影坐标系而进行的操作，对于数据进行地理坐标系的定义投影工作，其操作是相通的，大家参考本任务实施进行操作。

●定义投影工作均适用于栅格数据或矢量数据，本任务是以矢量数据为例进行，其对于栅格数据的操作与矢量数据相同。

任务4.2 投影变换

【任务描述】

进行投影变换工作是林业 GIS 数据应用中经常碰到的，其对于栅格数据或矢量数据都是适用的。本任务要求学生基于给定的矢量数据(例如，九潭工区.shp)分别进行同一坐标系下添加带号、删除带号、不同带号之间的转换及不同坐标系之间的转换工作。通过任务的完成，要求学生掌握我国常用的投影坐标系及其之间区别，领会投影变换工作的应用并能独立进行操作，灵活应用于生产实际。

【知识准备】

(1)投影变换

投影变换，是指将一种地图投影点的坐标变换为另一种地图投影点的坐标的过程。当系统所使用的数据是来自不同地图投影的图幅时，需要将一种投影的地理数据转换成另一种投影的地理数据，这就需要进行地图投影变换。进行投影坐标变换有两种方式：一种是利用多项式拟合，类似于图像几何纠正；另一种是直接应用投影变换公式进行变换。其常见的坐标变换方式可分为如下几种：

不同基准面之间的地理变换：是指在地理坐标系(基准面)间转换数据，即平常所说的不同坐标系间的转换，当将数据从一个坐标系统变换到另一个坐标系统下时，如果数据的变换涉及基准面的改变时，需要通过地理变换来实现地理变换或基准面平移。主要的地理变换方法有三参数和七参数法。

基于同一基准面之间的坐标转换，即在同一坐标下的坐标变换工作，如北京 54 坐标系地理坐标和平面坐标之间的转换，北京 54 坐标系不同带号之间的转换、北京 54 坐标系添加带号或删除带号的转换等。

（2）我国常用的投影坐标系统

①1954 年北京坐标系（Beijing 1954）　该坐标系是通过与前苏联 1942 年坐标系联测而建立的，其原点不在北京，而是在苏联普尔科沃。北京 54 坐标系为参心大地坐标系，大地上的一点可用经度 L54、纬度 M54 和大地高 H54 定位，该坐标系采用克拉索夫斯基椭球（Krasovsky - 1940）作为参考椭球，高程系统采用正常高，以 1956 年黄海平均海水面为基准，经局部平差后产生的坐标系。

②1980 年西安坐标系（Xi'an 1980）　1978 年 4 月在西安召开全国天文大地网平差会议，确定重新定位，建立我国新的坐标系。为此有了 1980 年国家大地坐标系。其大地原点设在我国中部的陕西省泾阳县永乐镇，位于西安市西北方向约 60km，故称 1980 年西安坐标系，又简称西安大地原点。椭球参数选用 1975 年国际大地测量与地球物理联合会第 16 届大会的推荐值，简称 IUGG-75 地球椭球参数或 IAG-75 地球椭球。基准面采用青岛大港验潮站 1952—1979 年确定的黄海平均海水面（即 1985 国家高程基准）。2000 年后的空间数据常采用该坐标系。

西安 80 坐标系与北京 54 坐标系其实是一种椭球参数的转换，作为这种转换在同一个椭球里的转换都是严密的，而在不同的椭球之间的转换是不严密，因此不存在一套转换参数可以全国通用的，在每个地方会不一样，因为它们是两个不同的椭球基准。

③1984 年世界大地坐标系统（WGS—84 坐标系）　WGS—84 坐标系是一种国际上采用的地心坐标系，建立 WGS—84 世界大地坐标系的一个重要目的，是在世界上建立一个统一的地心坐标系。其原点是地球的质心，空间直角坐标系的 Z 轴指向 BIH（1984.0）定义的地极（CTP）方向，即国际协议原点 CIO，它由 IAU 和 IUGG 共同推荐。X 轴指向 BIH 定义的零度子午面和 CTP 赤道的交点，Y 轴和 Z，X 轴构成右手坐标系。WGS—84 椭球采用国际大地测量与地球物理联合会第 17 届大会测量常数推荐值，采用的两个常用基本几何参数。GPS 广播星历是以 WGS—84 坐标系为根据的，在 GPS 定位中，定位结果属于 WGS—84 坐标系，用于 GPS 定位系统的空间数据采用该坐标系。

④ 2000 中国大地坐标系　2000 中国大地坐标系，是我国当前最新的国家大地坐标系。2000 中国大地坐标系是全球地心坐标系在我国的具体体现，其原点为包括海洋和大气的整个地球的质量中心。Z 轴指向 BIH1984.0 定义的协议极地方向（BIH 国际时间局），X 轴指向 BIH1984.0 定义的零子午面与协议赤道的交点，Y 轴按右手坐标系确定。其是在 2008 年 3 月，由国土资源部正式上报国务院《关于中国采用 2000 中国大地坐标系的请示》，并于 2008 年 4 月获得国务院批准。自 2008 年 7 月 1 日起，中国全面启用 2000 中国大地坐标系，国家测绘局受权组织实施。

（3）Beijing 1954 坐标系投影带表示方法

对于 Beijing 1954 坐标系投影带的表示，分为 3°投影带和 6°投影带，其中又各分为有带号和无带号两种情况，具体如下：

Beijing 1954 3 Degree GK CM 117E. prj：表示 3°分带法的 Beijing 1954 坐标系，其中央经线为东经 117°，横坐标前不加带号；

Beijing 1954 3 Degree GK Zone 39. prj：表示 3°分带法的 Beijing 1954 坐标系，其中央经线为东经 117°，横坐标前加带号；

Beijing 1954 GK Zone 17N. prj：表示 6°分带法的 Beijing 1954 坐标系，分带号为 17，横坐标前不加带号。

Beijing 1954 GK Zone 17. prj：表示 6°分带法的 Beijing 1954 坐标系，分带号为 17，横坐标前加带号；

（4）Xi'an1980 坐标系投影带表示方法

对于 Xi'an1980 坐标系投影带的表示，同 Beijing 1954 坐标系一样，也是分为 3°投影带和 6°投影带，其中又各分为有带号和无带号两种情况，具体如下：

Xi'an1980 3 Degree GK CM 117E. prj：表示 3°分带法的 Xian1980 坐标系，其中央经线为东经 117°，横坐标前不加带号；

Xi'an1980 3 Degree GK Zone 39. prj：表示 3°分带法的 Xian1980 坐标系，其中央经线为东经 117°，横坐标前加带号；

Xi'an1980 GK CM 117E. prj：表示 6°分带法的 Xian1980 坐标系，分带号为 20，中央经线 117，横坐标前不加带号；

Xi'an1980 GK Zone 20. prj：表示 6°分带法的 Xian1980 坐标系，分带号为 20，横坐标前加带号。

【任务实施】

4.2.1　同一坐标系下不同带号之间转换（Beijing1954 坐标系 39 带转 40 带）

1）矢量数据同一坐标系下不同带号之间转换（北京 1954 坐标系 39 带转 40 带）

（1）启动 ArcMap，在工具栏，鼠标左键单击 ArcToolbox 图标 ，调出 ArcToolbox 窗口，在 ArcToolbox 窗口，左键双击【数据管理工具】→【投影和变换】→【要素】→【投影】，打开【投影】对话框。

（2）填写【投影】对话框，如图 4-9 所示。

①确定要进行投影变换工作的数据，左键单击【输入数据集或要素类】图标 ，在【输入数据集或要素类】对话框中，查找路径（如位于"… \ project4 \ 投影变换 \ data \ "），浏览要素类文件，选择加载要进行投影变换工作的数据文件（例如，九潭工区 . shp）。

②设置进行投影变换工作后的数据，左键单击【输出数据集或要素类】图标 ，在【输出数据集或要素类】对话框中，查找路径文件来存放输出数据（如位于"… \ project4 \ 投影变换 \ result"），键入文件名称（例如，九潭工区 beijing54（39 － 40）. shp）。

③设置输出坐标系，左键单击【输出坐标系】图标 ，打开【空间参考属性】对话框，

在【空间参考属性】对话框，左键单击【选择】按钮，打开【浏览坐标系】对话框，在对话框列表，左键双击【Projected coordinate systems】→【Gauss Kruger】→【Beijing 1954】→【Beijing_ 1954_ 3_ Degree_ GK_ Zone_ 40】，单击【确定】按钮即可。

④对于【地理(坐标)变换(可选)】，此处不予设置。

(3)单击【确定】按钮，完成投影变换工作。

2)栅格数据同一坐标系下不同带号之间转换(北京 1954 坐标系 39 带转 40 带)

(1)启动 ArcMap，在工具栏，鼠标左键单击 ArcToolbox 图标 █，调出 ArcToolbox 窗口，在 ArcToolbox 窗口，左键双击【数据管理工具】→【投影和变换】→【栅格】→【投影栅格】，打开【投影栅格】对话框。

(2)填写【投影栅格】对话框，如图 4-10 所示。

图 4-9 同一坐标下带号转换【投影】　　　　**图 4-10** 同一坐标下带号转换【投影栅格】
　　　　对话框填写　　　　　　　　　　　　　对话框填写

对于【投影栅格】对话框的设置步骤，其操作和"矢量数据【投影】对话框"的设置相同，在此不再赘述，参考矢量数据【投影】对话框的设置操作步骤即可。

4.2.2 同一坐标下添加带号或删除带号

对于添加带号或删除带号两者的操作步骤是相同的，区别在于所选择的坐标系投影带表示不同而已。对于矢量数据的操作，参考"矢量数据同一坐标系下不同带号之间转换"，两者的操作步骤是相同的。对于栅格数据的操作，参考"栅格数据同一坐标系下不同带号之间转换"，两者的操作步骤是相同的。

4.2.3 不同坐标系间转换

1)矢量数据不同坐标系间转换(Beijing1954 坐标系转 Xi'an 1980 坐标系)

(1)创建自定义地理(坐标)变换

启动 ArcMap，在工具栏，鼠标左键单击 ArcToolbox 图标 █，调出 ArcToolbox 窗口，在 ArcToolbox 窗口，左键双击【数据管理工具】→【投影和变换】→【创建自定义地理(坐标)变换】，打开【创建自定义地理(坐标)变换】对话框。

（2）填写【创建自定义地理（坐标）变换】对话框（图 4-11）

①确定【地理（坐标）变换名称】：54 - 80。

②确定【输入地理坐标系】：Beijing_ 1954_ 3_ Degree_ GK_ Zone_ 39。具体操作：左键单击【输入地理坐标系】图标 ，打开【空间参考属性】对话框，在【空间参考属性】对话框，左键单击【选择】按钮，打开【浏览坐标系】对话框，在对话框列表，左键双击【Projected coordinate systems】→【Gauss Kruger】→【Beijing 1954】→【Beijing_ 1954_ 3_ Degree_ GK_ Zone_ 39】，单击【确定】按钮即可。或者在【空间参考属性】对话框，左键单击【导入】按钮，打开【浏览数据集】对话框，查找路径，选择要进行坐标变换的数据文件即可（如位于 "… \ project4 \ 投影变换 \ data \ 九潭工区 . shp"）。

③确定【输出地理坐标系】：Xian_ 1980_ 3_ Degree_ GK_ Zone_ 39。其操作步骤同上述 "②确定【输入地理坐标系】" 相同，在此不予赘述。要注意的情况，如果建立新的坐标系，则在【空间参考属性】对话框里，左键单击【新建】按钮，打开相应的【新建投影坐标系】或【新建地理坐标系】，进行相关设置即可。

④确定【创建自定义地理（坐标）变换】方法：在 Arcgis 预设系统里设置了很多方法，一般生产实际常用的是三参数[图 4-11（a）]和七参数[图 4-11（b）]法。具体的参数值每个地方都不一样，没有一套统一的转换参数，在应用中要设置自己当地的转换参数。

⑤单击【确定】按钮，完成坐标转换模板的创建。

（a）三参数法　　　　　　　　　　　　（b）七参数法

图 4-11　【创建自定义地理（坐标）变换】对话框设置

（3）打开【投影】对话框

在 ArcToolbox 窗口，左键双击【数据管理工具】→【投影和变换】→【要素】→【投影】，打开【投影】对话框。

（4）设置【投影】对话框（图 4-12）

①确定【输入数据集或要素类】：九潭工区 . shp。

②确定【输出数据集或要素类】：九潭工区（54 - 80）. shp。

③确定【输出坐标系】：Xian_ 1980_ 3_ Degree_ GK_ Zone_ 39。

④设置【地理（坐标）变换】：54 – 80。

（5）单击【确定】按钮，完成坐标转换工作。

2）栅格数据不同坐标系间转换（Beijing1954 坐标系转 Xi' an 1980 坐标系）

栅格数据不同坐标系间转换工作其原理及操作步骤同矢量数据，也是先进行【创建自定义地理（坐标）变换】，然后进行【投影栅格】对话框的设置即可。

（1）创建自定义地理（坐标）变换

具体操作参考"4.2.3.1（1）创建自定义地理（坐标）变换"。

（2）在 ArcToolbox 窗口，左键双击【数据管理工具】→【投影和变换】→【栅格】→【投影栅格】，打开【投影栅格】对话框并进行设置（图 4-13），具体操作步骤可参考"4.2.3.1（4）设置【投影】对话框"。

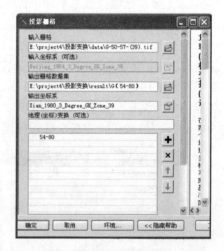

图 4-12　不同坐标系转换【投影】对话框设置　　图 4-13　不同坐标系转换【投影栅格】对话框设置

任务4.3　地理配准

【任务描述】

地理配准工作是针对栅格数据的，是在林业生产中经常碰到的工作，通常是对地形图或影像图进行地理配准。本任务要求学生基于给定的栅格数据（一幅地形图：G – 50、一张影像图：spot）分别进行地理配准工作。通过任务的完成，要求学生掌握地理配准的原理，领会其应用并能独立进行操作，灵活应用于生产实际。

【知识准备】

（1）地理配准

地理配准指基于参考点，在要进行配准的栅格数据上选取控制点，并建立两者的对应关系，将栅格数据平移、旋转和缩放，定位到给定的平面坐标系统中去，使栅格数据的每一个像素点都具有真实的实地坐标，具有可量测性。

对于栅格数据的获取，一般通过以下方法：扫描地图、收集航空像片和卫星影像。扫描的地图数据集通常不包含空间参考信息（嵌入于文件中或作为单独的文件）。航空摄影和卫星影像提供的位置信息通常不够充分，无法与其他现有数据完全对齐。因此，要将这些栅格数据集与其他空间数据结合使用，通常需要将这些数据对齐或配准到某个地图坐标系。那么这项工作就称之为地理配准。

对栅格数据进行地理配准时，将使用地图坐标确定其位置并指定数据框的坐标系。通过对栅格数据进行地理配准，可将栅格数据与其他地理数据一起查看、查询和分析。地理配准工具条可用来对栅格数据集、栅格图层（可能具有栅格函数）、影像服务和栅格产品进行地理配准。对于栅格数据的配准工作，一般是基于位于所需地图坐标系中的现有空间数据（目标数据，如地理配准的栅格或矢量要素类）进行，具体过程包括选取一系列地面控制点（已知 X，Y 坐标），将栅格数据集的位置与空间参考数据（目标数据）的位置链接起来。

控制点是在栅格数据集和实际坐标中可以精确识别的位置。许多不同类型的要素都可以用作可识别位置，如道路或河流交叉点、小溪口、岩石露头、土地的堤坝尽头、已建成场地的一角、街道拐角或者两个灌木篱墙的交叉点。控制点用于构建将栅格数据集从现有位置转移到空间正确位置的多项式变换。栅格数据集上的控制点（起点）与相应的对齐目标数据控制点（终点）之间的连接是一种链接。

需要创建的链接数量取决于计划使用的变换的复杂程度，此变换用于将栅格数据集变换到地图坐标。不过，添加更多的链接并不一定会获得更好的配准效果。如有条件，应该在整个栅格数据集中散布链接，而不是将它们集中在某一个区域中。通常，使栅格数据集的每个角点附近具有至少一个链接且内部也具有几条链接，这样可以收到最好的效果。

一般来说，栅格数据集和目标数据之间的重叠部分越大，对齐效果越好，因为可以在更广阔的范围内设定控制点来对栅格数据集进行地理配准。例如，如果目标数据仅占栅格数据集覆盖区域的四分之一，则用于对齐栅格数据集的点将限制在此重叠区域中。因此，重叠区域之外的区域很可能无法正确对齐。地理配准后的数据仅与对齐后的数据一样精确。要使误差最小，应该根据需要在最高分辨率和最大比例下对数据进行地理配准。

（2）林业地形图或影像图地理配准

在林业生产中，要经常对地形图或影像图进行地理配准工作。对于地形图控制点的选取，通常选择地形图中经纬线网格的交点、公里网格的交点或者一些典型地物的坐标，也可以将手持 GPS 采集的点坐标作为控制点。对于影像图控制点的选取，通常选取地形变化不大的典型地物控制点，如道路或河流交叉点、已建成场地的一角、街道拐角或者两个灌木篱墙的交叉点、小溪口、岩石露头等，也可以采取 GPS 采集的典型地物点的坐标作为控制点。控制点的数量取决于图幅的大小，但也不是越多越好，且在图像上分布要均匀，最好成三角网状，特别是对于地形复杂的区域，要多选几个控制点。

【任务实施】

4.3.1 地形图地理配准

1)启动 ArcMap, 添加数据

启动 ArcMap, 在【内容列表】窗口, 右键单击【图层】→【添加数据】, 打开【添加数据】对话框, 浏览路径, 查找选择并加载要进行地理配准的数据文件(如位于"… \ project4 \ 地理配准 \ data \ G-50. tif)

● 注意　如果是首次打开栅格数据集文件(地形图或影像图), 会弹出构建金字塔对话框, 如图 4-14 所示, 这时一般选择【是】按钮, 目的是构建金字塔后, 图像加载浏览及查询速度会更快。

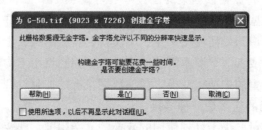

图 4-14　构建金字塔对话框

2)选取控制点进行地理配准

(1)加载【地理配准】工具条

在 ArcMap 菜单栏, 左键单击【自定义】→【工具条】→【地理配准】命令, 调出【地理配准】工具, 如图 4-15 所示。

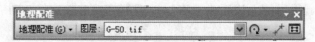

图 4-15　【地理配准】工具条

(2)选取控制点

对于地形图, 一般选择经纬线网格的交点或公里网格的交点。

①在【地理配准】工具条, 左键单击【添加控制点】图标📍, 在地形图(G-50. tif)上相应位置, 找到公里网格的交点, 左键单击公里网格交点, 拉伸出去单击右键, 弹出相应菜单列表, 如图 4-16(a)所示, 左键单击选择【输入 X 和 Y】, 弹出【输入坐标】对话框, 在对话框中输入相应的坐标, 左键单击【确定】按钮即可, 如图 4-16(b)所示。

②以此类推, 用同样的方法选取其他控制点。

● 注意　对于栅格数据集(地形图或影像图)的地理配准, 根据生产实际应用, 一般是输入 XY 投影直角坐标[图 4-16(b)], 不过也可输入经纬度的地理坐标。

③控制点数量要根据图幅大小及地形复杂程度而确定, 对于地形复杂的区域要多选择

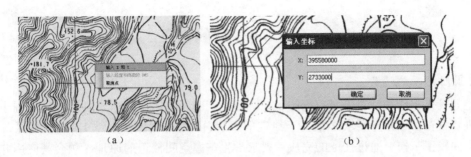

（a）　　　　　　　　　　　　　　　　　（b）

图 4-16　选取控制点

几个点。

④在连续选择 3 个点以上时，则可以左键单击【单看连接表】图标，弹出【连接表】，检查控制点的残差和 RMS 总误差，如果控制点的残差特别大，则进行删除并重新选取，如图 4-17 所示。在【连接表】对话框中，单击【加载】按钮，则可以加载已经存在的控制点文件；单击【保存】按钮，则可以保存目前的控制点文件。

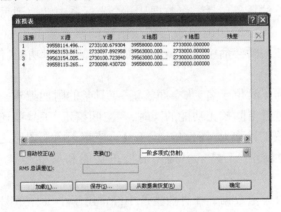

图 4-17　【连接表】对话框

⑤在进行选取控制点前，左键单击【地理配准】→【自动校正】，删除【自动校正】命令前的"√"取消选中【自动校正】命令，目的是取消自动校正。

（3）左键单击【地理配准】→【更新地理配准】，则完成对地形图的地理配准工作。

4.3.2　影像图地理配准

对于影像图的地理配准，其操作步骤同地形图的地理配准，也是启动 ArcMap，【添加数据】→【选取控制点】进行地理配准，具体操作参考"4.3.1　地形图地理配准"。

● **注意**　对于影像图的地理配准，其控制点的选择要选择典型地物点，也可以采取GPS 采集的典型地物点的坐标作为控制点。

任务4.4 空间校正

【任务描述】

空间校正工作是针对矢量数据的，在林业生产中经常运用，通常是对森林资源小班分布图进行校正。本任务要求学生基于给定的小班分布图（例如，九潭1.shp、九潭2.shp）进行空间校正工作。通过任务的完成，要求学生掌握空间校正的原理，领会其应用并能独立进行操作，灵活应用于生产实际。

【知识准备】

GIS 数据通常来自若干源。当数据源之间出现不一致，有时需要执行额外的工作以将新数据集与其余数据整合。相对于基础数据而言，一些数据会在几何上发生变形或旋转。

在编辑环境中，空间校正工具可提供用于对齐和整合数据的交互式方法。空间校正支持多种校正方法，可校正所有可编辑的数据源。它通常用于已从其他源（如 CAD 绘图）导入数据的场合。可执行的任务包括：将数据从一个坐标系中转换到另一个坐标系中、纠正几何变形、将沿着某一图层的边的要素与邻接图层的要素对齐，以及在图层之间复制属性。由于空间校正是在编辑会话中执行，因此可使用现有编辑功能（例如，捕捉）增强校正效果。

①空间校正命令和工具位于名为"空间校正"工具条的附加编辑工具条中。

②在提供对数据进行空间校正功能的同时，"空间校正"工具条还可用于将属性从某要素传递到其他要素。该工具称为"属性传递"工具，依赖于两个图层之间的匹配公用字段。

③结合使用"空间校正"工具条上提供的校正功能和属性传递功能，即可提高数据质量。

④空间校正是针对矢量数据，在林业生产中经常用于小班分布图位移的纠正，使其复原到原位，便于数据正常使用。

【任务实施】

（1）启动 ArcMap，添加数据

启动 ArcMap，在【内容列表】窗口，右键单击【图层】→【添加数据】，打开【添加数据】对话框，浏览路径（如位于"…\project4\空间校正\data\"），查找选择并加载要进行空间校正的数据文件（如九潭2.shp）及参考数据文件（如九潭1.shp）。

（2）加载【空间校正】工具条

在 ArcMap 菜单栏，左键单击【自定义】→【工具条】→【空间校正】命令，调出【空间校正】工具，如图4-18所示。

图4-18 【空间校正】工具

（3）激活【空间校正】工具

在 ArcMap 菜单栏，左键单击【自定义】→【工具条】→【编辑器】命令，弹出【编辑器】菜单，左键单击【编辑器】→【开始编辑】，弹出【创建要素】对话框（图 4-19），同时激活【空间校正】工具。

（4）设置空间校正数据

左键单击【空间校正】→【设置校正数据】命令，弹出【选择要校正的输入】对话框，勾选要进行校正的数据（如九潭 2. shp），单击【确定】按钮，则完成校正数据的设置，如图 4-20 所示。

图 4-19 【创建要素】对话框　　　图 4-20 【选择要校正的输入】对话框

（5）设置校正方法

左键单击【空间校正】→【校正方法】→【变换 – 仿射】，选择变换—仿射方法进行校正。

● 注意　ArcGis 提供的每种校正方法都有各自的适用范围和区别，仿射变换是最常用的方法。

（6）创建位移连接

在【空间校正】工具，左键单击【新建位移连接】图标，单击被校正要素的某点，然后点基准要素的对应点，这样就建立了一个位移链接，起点是被校正要素的某点，终点是基准要素的对应点。用同样的方法建立足够的链接，如图 4-21 所示。

● 注意　理论上有三个位移链接就能做仿射变换，但实际上一般是是不够用的。实际使用中要尽量多建几个链接，尤其是在拐点等特殊点上，而且要均匀分布。

（7）确定空间校正。在【空间校正】工具，左键单击【空间校正】→【校正】，则对数据的空间校正工作完成，获取空间校正后的数据，如图 4-22 所示。

● 注意　有时为保证校正效果，可以提前查看校正结果，然后根据预览结果再进行位移连接的修改，具体操作如下：在【空间校正】工具，左键单击【空间校正】→【校正预览】，即可查看校正结果，如图 4-23 所示。

● 注意　对于矢量数据的空间校正，上述方法是将一个没有坐标系的要素类校正到

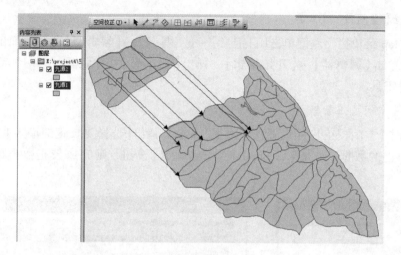

图 4-21　创建位移连接

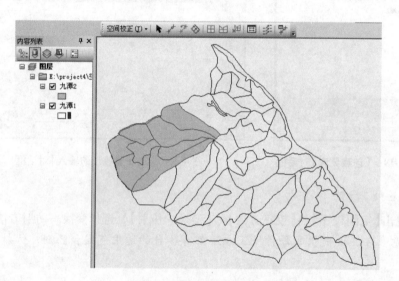

图 4-22　空间校正后的图

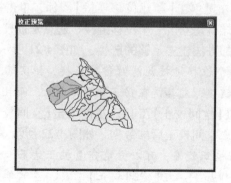

图 4-23　【校正预览】对话框

一个有坐标系的要素类，简单说是图对图校正。如果只有一个没有坐标系的要素类，而没有相应的参考要素类图，但知道关键点的真实坐标，则可以用链接文件的方法进行位移的连接。具体操作如下：

①读出原图上关键点的屏幕坐标，找到和它对应的真实坐标。

②建立连接文件，格式为文本文件，第一列是关键点的屏幕 x 坐标，第二列是关键点的屏幕 Y 坐标，第三列是关键点真实的 X 坐标，第四列是关键点真实的 Y 坐标，中间用空格分开，每个关键点一行，如图 4-24 所示。

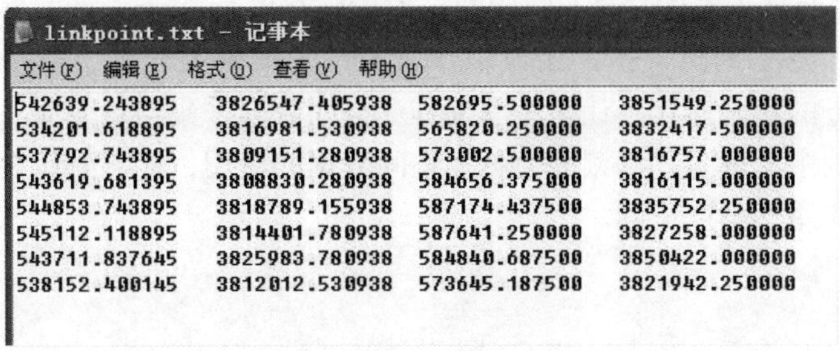

542639.243895	3826547.405938	582695.500000	3851549.250000
534201.618895	3816981.530938	565820.250000	3832417.500000
537792.743895	3809151.280938	573002.500000	3816757.000000
543619.681395	3808830.280938	584656.375000	3816115.000000
544853.743895	3818789.155938	587174.437500	3835752.250000
545112.118895	3814401.780938	587641.250000	3827258.000000
543711.837645	3825983.780938	584840.687500	3850422.000000
538152.400145	3812012.530938	573645.187500	3821942.250000

图 4-24　连接文件

③进行连接文件的链接，进行空间校正。在【空间校正】工具，左键单击【空间校正】→【连接线】→【打开连接线文件】，加载相应的链接文件即可完成空间校正工作。

项目5 林业 GIS 空间数据的采集与编辑

GIS 应用于林业生产实际，其本质就是建立 GIS 森林资源数据库并进行编辑管理应用，所以林业空间数据的采集与编辑是 GIS 应用于林业生产实际的基础，只有采集数据并进行编辑之后，GIS 才能真正发挥其林业空间数据库的作用并应用于生产实际。本项目共包括栅格数据矢量化、要素编辑、拓扑错误编辑、属性表编辑与管理、空间数据查询 5 个任务，通过 5 个任务的实施操作，让学生掌握林业空间数据采集与编辑管理的流程，理解数据库中数据编辑的主要内容，深刻领会林业空间数据的应用，能够熟练地对每一个任务进行操作，并灵活应用于生产实际。

【学习目标】

1. 知识目标

(1)能够掌握栅格数据与矢量数据的含义及二者区别

(2)能够领会要素编辑的基本应用

(3)能够领会拓扑错误编辑及应用的原理

(4)能够领会属性表的编辑与应用

(5)能够领会空间数据查询的原理及应用

2. 技能目标

(1)能够独立进行栅格数据矢量化的操作并灵活应用于生产实际

(2)能够掌握要素编辑的基本操作并根据不同的情况，灵活应用于小班的编辑处理工作

(3)能够根据林业生产实际情况，进行森林资源 GIS 图形数据的拓扑错误检查及编辑处理，灵活应用于生产实际

(4)能够根据林业生产实际情况，进行属性表的编辑与管理工作，并灵活应用于生产实际

(5)能够掌握各种不同的空间数据查询的方法，并根据不同的情况选择不同的方法并灵活操作应用于生产实际

(6)能够领会林业空间数据的采集与编辑工作，熟悉其大概流程，领会其内容及应用，具备基于 GIS 进行森林资源空间数据采集与编辑的基本业务素质

任务5.1 栅格数据矢量化

【任务描述】

GIS 空间数据的来源很多，但其表达结构只有两种，即栅格数据与矢量数据，其中，栅格数据矢量化是一项很重要的工作，是建立空间数据库的基础。本任务要求学生基于给

定的栅格数据(ParcelScan. img)进行 Arcscan 矢量化工作。要求学生掌握栅格数据矢量化的原理，领会其应用并能独立进行操作，灵活应用于生产实际。

【**知识准备**】

(1)GIS 空间数据的特征及其空间性的内涵

①空间数据的特征　空间数据通常指地理空间数据，它是以地球表面空间位置为参照的自然、社会和人文经济景观数据，指用于确定具有自然特征或者人工建筑特征的地理实体的地理位置、属性及其边界的信息。它是用来描述有关空间实体的位置、形状和相互关系的数据，以坐标和拓扑关系的形式进行存储(图 5-1)。所有 GIS 应用软件，也都是以空间数据的处理为核心进行开发研制。其基本特征如下：

a. 空间特征　空间实体或地面在地球表面以 3 种基本几何形状存在。

点状　如城镇中心位置；

线状　如交通线；

面状　也称图斑，如森林类型分布。

b. 属性特征　它用于确定空间实体在本质上的差异。根据人们对事物性质的认识，建立各种分类系统，并确定各种分类的依据和标准，从而把事物划分不同的类型。如进行土地适宜性分析，需要考虑土壤层厚度、有机质含量等土壤性质属性以及地形高度、地形坡度等地形条件属性。

c. 时间特征(时间尺度)　指现象或物体随时间的变化，其变化的周期有超短期、短期、中期、长期等。

②GIS 空间数据的空间性的内涵

a. 空间地理分布特征　从数据的空间性隐含了数据的空间地理分布特征，反映地理特征的数据常涉及地图投影及坐标系等。

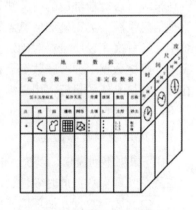

图 5-1　空间数据的基本特征

b. 数据的空间性具有非结构化数据的特征　在通用关系型数据库管理系统中，数据记录是结构化的，即每条记录定长，每个数据项是一个数据，不能嵌套记录；空间数据每条记录不定长，记录间常具有嵌套性。如弧段中坐标点数不定长；一个多边形能嵌套多条弧段记录。

c. 空间数据之间存在着拓扑关系　GIS 依靠拓扑(topology)学研究空间几何对象及其数据之间的关系。在现代数学中拓扑学是几何学的一个分支。

d. 空间数据是海量数据　由于数据量大，在数据的存储、组织、传输、共享等方面相对比较复杂。如常用索引、分幅、分层、数据压缩等处理方法。

(2)GIS 空间数据的来源

空间数据获取是地理信息系统建设的首要任务，它可以有多种实现方式包括数据转换、遥感数据处理以及数字测量等，其中已有地图的数字化录入，是目前被广泛采用的手段，也是最耗费人力资源的工作。在 GIS 中，录入的内容包括空间信息和非空间信息，前者是录入的主体。目前，空间信息的录入主要有两种方式，即手扶跟踪数字化和扫描矢量化。而在图形数据录入完毕后，需要进行各种处理，包括坐标变换、拼接等，其中最重要的是建立拓扑关系。在拓扑建立过程中，需要先对各种错误进行修改。

①图形图像数据　包括现有的地图、工程图、照片、航片和遥感影像数据等。其中各种类型的地图是重要的信息源，主要来源于各种类型的普通地图和专题地图。地图的内容丰富，实体间的空间关系直观，实体的类别或属性清晰，可以用各种不同的符号加以识别和表示。在图上还具有参考坐标系统和投影系统，它表示地理位置准确，精度较高。随着3S 技术的紧密结合及逐步应用，遥感影像数据也是 GIS 最有效的数据源之一，主要来源是航空遥感和航天遥感。其具有获取面积大、综合性强、有一定周期性、定位准确等特点。

②文字数据　包括数字、文字表达下的数据，如统计数据、数字资料、文本资料等。统计数据主要源于不同部门、不同机构和不同领域(如人口数量、人口构成、国民生产总值、基础设施建设等)的大量统计资料，是 GIS 属性数据的重要来源。数字资料来源于各种专题图件，对数字数据的采用需注意数据格式的转换和数据精度、可信度的问题。文本资料来源于各行业部门的有关法律文档、行业规范、技术标准、条文条例等。在土地资源管理信息系统、灾害监测信息系统、水质信息系统、森林资源管理信息系统等专题信息系统中，各种文字说明资料对确定专题内容的属性特征起着重要作用。

③媒体数据　如音频数据、视频数据等，一般以数字化形式提供。数据源的选择需要在综合分析系统的目标，用户需要以及现有条件等基础上进行。各种不同的数据源需要进行不同的预处理，并在此基础上综合分析，如统一坐标、编码体系、比例尺等。

(3)GIS 空间数据的类型

GIS 根据不同需求，以统一的坐标系统将空间数据与非空间数据相结合、表示数据间存在关系、确保数据的时效性，以表达和处理各类问题(图5-2)。

①空间要素数据　如环境污染类型、土地类型数据、城市规划分类数据等；

②面域数据　如多边形的中心点，行政区域界线及行政单元等；

③网络数据　如道路交点、街道和街区等；

④样本数据　如气象站、环境污染监测点、航空航天影像校正的野外控制数据等；

⑤曲面数据　如高程点、等高线或等值线区域；

⑥文本数据　地名、河流名称和区域名称；

⑦符号数据　点状符号、线状符号和面状符号(晕线)；

⑧图像数据　航空、航天图像，野外摄影照片等；

⑨多媒体数据　音频数据、视频数据。

(4)GIS 空间数据的结构

①栅格数据结构　栅格结构，是指用规则的网格阵列表示空间地物或现象分布的数据组织形式，组织中的每个数据表示地物或现象的非几何属性特征。

将地球表面划分为大小均匀紧密相邻的网格阵列，每个网格作为一个象元或象素由行、列定义，并包含一个代码表示该象素的属性类型或量值，或仅仅包括指向其属性记录的指针。

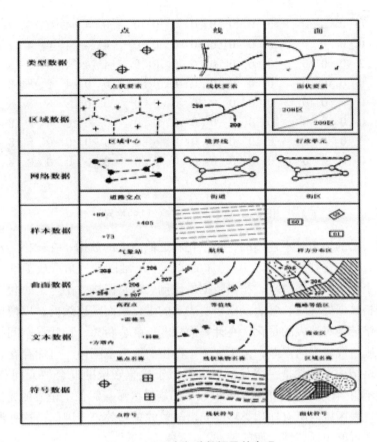

图 5-2　GIS 中各种数据及其表现

　　如图 5-3 所示，在栅格结构中，点用一个栅格单元表示；线状地物沿线走向的一组相邻栅格单元表示，每个栅格单元最多只有两个相邻单元在线上；面或区域用记有区域属性的相邻栅格单元的集合表示，每个栅格单元可有多于两个的相邻单元同属一个区域。遥感影像属于典型的栅格结构，每个象元的数字表示影像的灰度等级。

　　栅格结构的显著特点是属性明显，定位隐含，即数据直接记录属性的指针或属性本身，而所在位置则根据行列号转换为相应坐标，也就是说定位是根据数据在数据集中的位置得到的。如图 5-3(a)所示，数据 2 表示属性或编码为 2 的一个点，其位置由其所在的第 3 行、第 4 列交叉得到。由于栅格结构是按一定的规则排列的，所表示的实体的位置很容易隐含在格网文件的存储结构中，在后面讲述栅格结构编码时可以看到，每个存储单元的行列位置能够根据其在文件中的记录位置方便得到，且行列坐标很容易转为其他坐标系下的坐标。在格网文件中每个代码本身明确地代表了实体的属性或属性的编码，如果为属性的编码，则该编码可作为指向实体属性表的指针。图 5-3(a)表示代码为 2 的点实体，图 5-3(b)表示一条代码为 6 的线实体，而图 5-3(c)则表示三个面实体或称为区域实体，代码分别为 4、7 和 8。由于栅格行列阵列容易为计算机存储、操作和显示，因此这种结构容易实现，算法简单，且易于扩充、修改，也很直观，特别是易于同遥感影像结合处理，给地理空间数据处理带来极大方便。

```
0 0 0 0 0 0 0 0      0 0 0 0 0 0 0 0      0 4 4 7 7 7 7 7
0 0 0 0 0 0 0 0      0 0 0 6 0 0 0 0      4 4 4 4 4 7 7 7
0 0 0 0 2 0 0 0      0 6 6 0 6 0 0 0      4 4 4 4 8 8 7 7
0 0 0 0 0 0 0 0      0 0 0 0 6 0 0 0      0 0 4 8 8 8 7 7
0 0 0 0 0 0 0 0      0 0 0 0 6 0 0 0      0 0 8 8 8 8 7 8
0 0 0 0 0 0 0 0      0 0 0 0 6 0 0 0      0 0 0 8 8 8 8 8
0 0 0 0 0 0 0 0      0 0 0 0 0 6 0 0      0 0 0 0 8 8 8 8
0 0 0 0 0 0 0 0      0 0 0 0 0 0 0 0      0 0 0 0 0 8 8 8
```

(a) 点   (b) 线   (c) 面

图 5-3　点、线、面(区域)的格网

栅格结构表示的地表是不连续的,是量化和近似离散的数据。在栅格结构中,地表被分成相互邻接、规则排列的矩形方块(特殊的情况下也可以是三角形或菱形、六边形等),每个地块与一个栅格单元相对应。栅格数据的比例尺就是栅格大小与地表相应单元大小之比。在许多栅格数据处理时,常假设栅格所表示的量化表面是连续的,以便使用某些连续函数。由于栅格结构对地表的量化,在计算面积、长度、距离、形状等空间指标时,若栅格尺寸较大,则造成较大的误差,由于在一个栅格的地表范围内,可能存在多种地物,而表示在相应栅格结构中常常是一个代码。也类似于遥感影像的混合像元问题,如 Landsat 的 MSS 卫星影像单个像元对应地表 $79m \times 79m$ 的矩形区域,影像上记录的光谱数据是每个象元所对应的地表区域内所有地物类型的光谱辐射的总和效果。因而,这种误差不仅有形态上的畸形,还可能包括属性方面的偏差。

栅格数据的获取途径包括:

a. 目读法或手工法　用一张镀膜纸均匀划分网格,蒙在地图上,逐个决定每个网格代码,形成栅格文件。

b. 矢量数据获取　由矢量数据通过算法转换成栅格数据。

c. 扫描数字化　逐点扫描地图,将扫描数据采样和再编码放到栅格数据文件。

d. 影像输入　将遥感影像数据直接或重采样后输入系统,作为栅格数据结构的空间数据。

栅格数据结构的编码方式主要有链码、游程长度编码、块码、四叉树、直接栅格编码等。

②矢量数据结构　矢量结构是指通过记录坐标的方式尽可能精确地表示点、线、多边形等地理实体,坐标空间设为连续,允许任意位置、长度和面积的精确定义,即用点、线、面表现地理实体,其空间位置由所在的坐标参考系中的坐标定义。

a. 矢量数据结构的特点

一是,用离散的点、线、面表示和描述空间目标。

二是,用拓扑关系描述矢量数据之间的关系。

三是,描述的空间对象位置明确,属性隐含。其编码包括点实体、线实体和多边形等。

b. 矢量数据获取途径

一是，数字化仪获取数据。

二是，扫描数据矢量化。

三是，数字摄影测量获取数据。

四是，全球定位仪（GPS）获取数据。

五是，其他栅格数据转换成矢量数据。

矢量数据的编码包括点实体、线实体及多边形编码（坐标序列法、树状索引编码法、拓扑结构编码法）

（3）栅格结构与矢量结构的比较（表 5-1）

表 5-1　栅格结构与矢量结构的比较

数据结构	优点	缺点
栅格数据	1. 数据结构简单 2. 便于空间分析和地表模拟 3. 现势性较强	1. 数据量大 2. 投影转换比较复杂
矢量数据	1. 数据结构紧凑、冗余度低 2. 有利于网络和检索分析 3. 图形显示质量好、精度高	1. 数据结构复杂 2. 多边形叠加分析比较困难

【任务实施】

栅格数据矢量化操作有点、线、面等形式，本任务实施以线的矢量化（ParcelScan. img）为例进行操作。

（1）新建线 Shapefile 文件

①启动 ArcMap，左键单击【目录窗口】图标 ，在目录窗口，左键单击【连接到文件夹】图标 ，弹出【连接到文件夹】对话框，浏览路径，查找存放新建线 Shapefile 文件（ParcelScan. shp）的文件夹（如位于"… \ project5 \ 栅格数据矢量化 \ result"）。

②在【目录】窗口列表，右键单击"… \ project5 \ 栅格数据矢量化 \ result"，弹出下拉菜单，左键单击【新建】→【Shapefile】命令，弹出【创建新 Shapefile】对话框。

③设置【创建新 Shapefile】对话框。确定文件名称：ParcelScan，设置要素类型：折线（Polyline），设置空间参考：Beijing_ 1954_ 3_ Degree_ GK_ CM_ 117E，如图 5-4 所示。

④单击【确定】按钮，则完成线文件（ParcelScan. shp）的创建。

（2）加载数据

①在 ArcMap【内容列表】窗口，右键单击【图层】→【添加数据】，打开【添加数据】对话框，浏览路径（如位于"… \ project5 \ 栅格数据矢量化 \ data），查找选择并加载要进行矢量化的底图栅格数据文件（如 ParcelScan. img）。

②在 ArcMap【内容列表】窗口，右键单击【图层】→【添加数据】，打开【添加数据】对话框，浏览路径（如位于"… \ project5 \ 栅格数据矢量化 \ result），查找选择并加载新建的线 shp 文件（如 ParcelScan. shp）。

（3）添加并激活 ArcScan 工具

①在 ArcMap 菜单栏，左键单击【自定义】→【扩展模块】，弹出【扩展模块】对话框，在【扩展模块】对话框，勾选 ArcScan，如图 5-5 所示，单击【关闭】按钮即可。

图 5-4 【创建新 Shapefile】对话框设置　　　　图 5-5 【扩展模块】对话框

②在 ArcMap 菜单栏，左键单击【自定义】→【工具条】→【ArcScan】命令，弹出 ArcScan 工具，如图 5-6 所示。

图 5-6　ArcScan 工具

③在 ArcMap 菜单栏，左键单击【自定义】→【工具条】→【编辑器】命令，打开【编辑器】工具。

图 5-7 【开始编辑】对话框　　　　图 5-8 【创建要素】对话框

④在编辑器工具，左键单击【编辑器】→【开始编辑】命令，弹出【开始编辑】对话框。在【开始编辑】对话框，选中 ParcelScan（图 5-7），单击【确定】按钮，则 ArcScan 工具激活，并弹出【创建要素】对话框（图 5-8）。

（4）栅格清理

①在 ArcScan 工具条，左键单击【栅格清理】→【开始清理】。

②在 ArcScan 工具条，左键单击【像元选择】→【选择已连接像元】命令，则弹出【选择已连接像元】对话框。

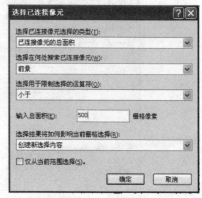

③设置【选择已连接像元】对话框。【选择已连接像元选择的类型】：已连接像元的总面积；【选择在何处搜索已连接像元】：前景；【选择用于限制选择的运算符】：小于；输入总面积：500；【选择结果将如何影响当前栅格选择】：创建新选择内容，如图 5-9 所示。

图 5-9　【选择已连接像元】对话框

④单击【确定】按钮，则原栅格数据中不必要的元素被选中。

⑤在 ArcScan 工具条，左键单击【栅格清理】→【擦除所选像元】命令，则原栅格数据中不必要的元素被擦除，如图 5-10 所示。

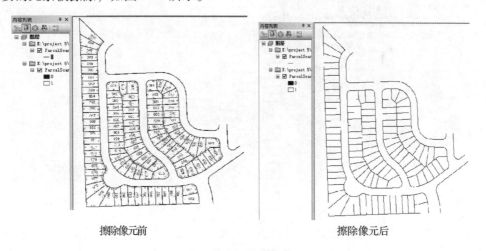

擦除像元前　　　　　　　　　　擦除像元后

图 5-10　栅格数据图

（5）矢量化设置

在 ArcScan 工具条，左键单击【矢量化】→【矢量化设置】命令，打开【矢量化设置】对话框，并进行设置，如图 5-11 所示。

（6）生成要素

①在【创建要素】窗口列表，左键单击 ParcelScan 名称，选中激活线图层文件 ParcelScan. shp。

②在 ArcScan 工具条，左键单击【矢量化】→【生成要素】命令，打开【生成要素】对话

框，进行设置，左键单击【模板】按钮，选择要素模板：ParcelScan. shp，其他默认即可，如图 5-12 所示。

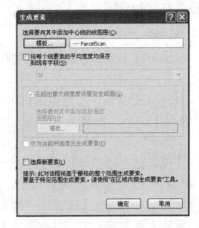

<table>
<tr><td>图 5-11 【矢量化设置】对话框</td><td>图 5-12 【生成要素】对话框</td></tr>
</table>

● 注意　此处对于要素模板的选择，即存放矢量化图层数据的文件(. shp)。

③单击【确定】按钮，创建矢量图层数据 ParcelScan. shp，如图 5-13 所示。

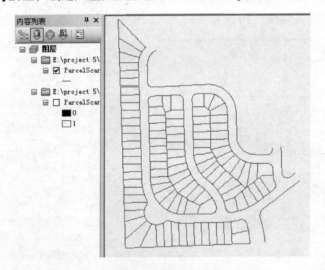

图 5-13　矢量图层数据 ParcelScan. shp

● 注意　对于栅格数据矢量化，除了 ArcScan 自动矢量化操作之外，还有手动栅格数据矢量化操作，也是新建一矢量数据文件(点、线、面)，然后加载数据，打开编辑器进行相应编辑操作即可，具体操作参考"任务 5.2 要素编辑"。

任务 5.2　要素编辑

【任务描述】

要素编辑本质就是矢量数据编辑，本任务基于给定的数据(如九潭工区 . shp)，要求学生进行图形数据的编辑。通过完成任务，要求学生理解图形数据编辑的主要内容，熟悉 ArcMap 编辑器中各个工具的含义、功能，根据不同情况，能够灵活应用 ArcMap 编辑器的各种工具进行图形数据的编辑，掌握图形数据编辑的基本技能并灵活应用于生产实际。

【知识准备】

（1）编辑器工具及其功能

①编辑器工具栏组成及功能　对于要素编辑，编辑器是其最基本的工具，没有编辑器，则要素编辑则无从谈起。编辑器的各种工具如图 5-14 所示，其功能如表 5-2 所示。

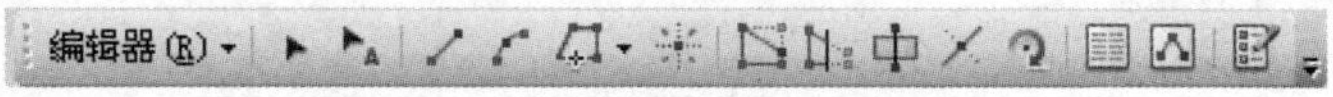

图 5-14　编辑器工具条

表 5-2　编辑器工具及功能

图标	名称	功能
 编辑器 ® ▾	编辑器	编辑命令菜单
 ▶	编辑	选择要编辑的要素
 ▶	编辑注记工具	选择要编辑的要素注记
 ╱	直线段	创建直线
 ╱	弧线段	创建弧线段工具，结束点在圆弧
 ◁	追踪	创建追踪线要素或面要素的边，创建线要素
✳	点	创建点要素
 ⊠	编辑折点	编辑折点
 ⊪	修正要素	修改选择要素
⊕	裁剪面工具	线要素裁剪选中的面要素
╱	分割工具	分割选择的线要素
⟳	旋转工具	旋转选择要素
▤	要素属性表	打开属性窗口
▣	草图工具	打开编辑草图属性窗口
 ▣	创建要素	打开创建要素窗口
▾	自定义	打开自定义窗口

②编辑器下拉菜单　在编辑器工具条，左键单击【编辑器】，弹出下拉菜单，如图 5-15 所示，各项菜单命令的功能如表 5-3 所示。

表 5-3　编辑器下拉菜单命令功能描述

菜单命令	功能描述
开始编辑、停止编辑	编辑会话，提供对编辑会话的启动和停止管理
保存编辑内容	保存正在编辑的数据
移动、分割、构造点、平行复制、合并、缓冲、联合、裁剪	提供常用的编辑命令
验证要素	验证要素有效性
捕捉、选项	提供捕捉工具条及设置捕捉选项
更多编辑工具、编辑窗口	提供更多编辑工具，管理编辑窗口和编辑工具条的显示状态
选项	提供拓扑、版本管理、注记、属性等选项的设置功能

图 5-15　编辑器下拉菜单

（2）高级编辑工具条及其功能

在 ArcGIS 中，相对基本的编辑器而言，高级编辑除了有自己的一套编辑工具外，还自定义增加了许多单独的编辑工具条，如 COGO、几何网络编辑、制图表达、宗地编辑器、拓扑编辑器、版本编辑器、空间校正、路径编辑和高级编辑。

图 5-16　高级编辑工具

①高级编辑的各项工具如图 5-16 所示，其相关功能如表 5-4 所示。

表 5-4　高级编辑工具及其功能

图标	名称	功能描述
	复制要素工具	复制选择的要素
	内圆角工具	两要素夹角转为内圆角
	延伸工具	延伸选择要素
	修剪工具	裁剪选择要素
	线相交	剪断选择要素
	拆分多部分要素	拆分多部分要素，适用于共用同一小班号错误小班的拆分
	构造大地工具	构造大地测量要素
	概化	概化
	平滑	平滑

②自定义其他高级编辑工具条，如图 5-17 所示。

图 5-17　自定义其他高级编辑工具条

【任务实施】

5. 2. 1　编辑环境设置

数据编辑环境的设置，是为了提高空间数据编辑的效率和准确性，通常包括选择设置、捕捉设置等。

（1）选择设置

选择设置是为了提高编辑数据的准确性，指定被选择图层，从而排除非目标数据的干扰，通常包括图层的可选性设置和可见性设置。

①图层可见性设置　是为了不受非目标数据的干扰，设置图层是否在 ArcMap 视图窗口中显现可见。具体操作：在内容列表窗口中，如果设置该图层可见，则在图层名称前勾选"√"，如果设置该图层不可见，取消选择图层名称前面复选框中"√"，如图 5-18 所示。

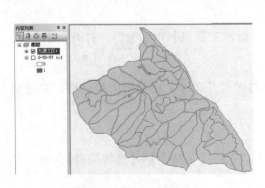

图 5-18　图层可见性设置

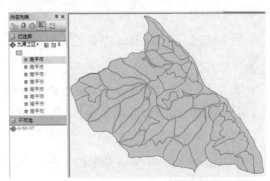

图 5-19　图层可选性设置

②图层可选性设置　在内容列表窗口，左键单击【按选择列出】图标 ，切换到按选择列出视图，列表中列出当前可选图层和不可选图层的集合，图标  是亮色的表明有要

素被选中，其后的数字表示所选择要素的数量。左键单击【单击切换是否可选】图标  或者【单击清除图层选择】图标☒，可进行相应的图层选择设置，如图 5-19 所示。

（2）捕捉设置

在编辑器工具条，左键单击【编辑器】→【捕捉】→【捕捉工具条】，加载捕捉工具条，如图 5-20 所示。

在捕捉工具条中，左键单击【捕捉】→【选项】命令，弹出【捕捉选项】对话框，可以进行捕捉参数设置：容差、捕捉符号、捕捉提示、文本符号等，如图 5-21 所示。

图 5-20　捕捉工具条　　　　图 5-21　【捕捉选项】对话框

5.2.2　添加编辑工具

根据工作的实际需要，添加编辑器工具条或高级编辑工具条。

（1）添加编辑器工具条

①方法一　在 ArcMap 菜单栏，左键单击【自定义】→【工具条】→【编辑器】命令，打开【编辑器】工具。

②方法二　在 ArcMap 工具栏，左键单击【编辑器工具条】图标 ，打开【编辑器】工具。

③方法三　在 ArcMap 显示窗空白处，单击右键打开菜单，在弹出的菜单栏，左键单击【编辑器】命令，打开【编辑器】工具。

（2）添加高级编辑工具条

①方法一　在 ArcMap 菜单栏，左键单击【自定义】→【工具条】→【高级编辑】命令，打开【高级编辑】工具。

②方法二　在【编辑器】工具条，左键单击【编辑器】→【更多编辑工具】→【高级编辑】命令，打开【高级编辑】工具。

③方法三　在 ArcMap 显示窗空白处，单击右键打开菜单，在弹出的菜单栏，左键单击【高级编辑】命令，打开【高级编辑】工具。

5.2.3　启动编辑会话

①方法一　在编辑器工具条，左键单击【编辑器】→【开始编辑】命令，弹出【创建要素】窗口，启动编辑。

②方法二　在【内容列表】窗口中右键单击图层名称，弹出下拉菜单，左键单击【编辑要素】→【开始编辑】命令，弹出【创建要素】窗口，启动编辑。

5.2.4　使用创建要素窗口

启动编辑后，则弹出【创建要素】窗口，如图 5-22 所示，该窗口可以对每个图层创建一个模板。模板分上下两部分：上部分是模板名称，下部分是构造工具，单击某一图层模板名称，则该图层的构造工具被激活。编辑时，不能多个图层同时进行，只能一个图层被编辑，被编辑图层有框线标记体现。

图 5-22　【创建要素】窗口

5.2.5　创建新要素

对于新要素的创建，一般是指点、线、面要素的创建，三种类型要素的创建操作是相同的，不同的只是数据类型及构造工具，在下面的操作中，重点以点要素的创建操作为例，其他线、面的创建参考点的创建操作。

(1)点要素创建

①在 ArcMap【内容列表】窗口，右键单击【图层】→【添加数据】，打开【添加数据】对话框，浏览路径(如位于"… \ project5 \ 要素编辑 \ result")，查找选择并加载点图层 shp 文件(如点 . shp)。

②在 ArcMap 工具栏，左键单击【编辑器工具条】图标 ，打开【编辑器】工具。

③在编辑器工具条，左键单击【编辑器】→【开始编辑】命令，弹出【创建要素】窗口，启动编辑。

④在【创建要素】窗口，左键单击点模板名称，则相关点的构造工具被激活。

⑤创建点。构造工具提供了三种形式的创建点方法。

a. 左键单击图标【 点 】，在地图上相应位置，左键单击创建点。

b. 通过输入坐标的形式创建点要素，即在地图上右键单击，弹出菜单，左键单击【绝对 X，Y】命令，弹出【绝对 X，Y】对话框(图 5-23)，输入坐标值，按【回车键】确定。

c. 左键单击图标【 跟末端的点 】，在地图上相应位置左键单击创建草图线(如要确定线段长度，则单击右键，在弹出菜单中，左键单击【长度】，在【长度】对话框中输入长度，如图 5-24 所示)，线段最后一个端点则是要创建的点要素位置，在线段最后一个端点，左键双击确定。

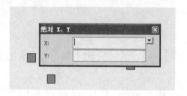

图 5-23 【绝对 X，Y】对话框

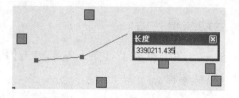

图 5-24 【长度】对话框

⑥点的删除 所创建的点处于选取状态，在编辑器工具条，左键单击【编辑工具】图标

，左键单击选中某个点要素，按键盘【删除】键或在右键单击弹出的菜单中，选择【删除】命令，即可删除选中的要素。

⑦点要素符号的设置 在【内容列表】窗口，左键单击点符号图标，弹出【符号选择器】对话框，进行相关的设置即可，如图 5-25 所示。

（2）线要素创建

线要素的创建，同点要素的创建，也是加载图层数据文件，启动编辑，基于【创建要素窗口】，激活相关构造工具，进行编辑创建即可，具体操作可参考上述"点要素创建"。

线要素创建的相关构造工具如图 5-26 所示，其相关功能介绍见表 5-5。

（3）面要素创建

面要素的创建，同点要素的创建，也是加载图层数据文件，启动编辑，基于【创建要素窗口】，激活相关构造工具，进行编辑创建即可，具体操作可参考上述"点要素创建"。

面要素创建的相关构造工具，如图 5-27 所示，其相关功能介绍见表 5-6。

图 5-25 【符号选择器】对话框

图 5-26 线要素创建构造工具

图 5-27 面要素创建构造工具

表 5-5　线要素构造工具

图标	功能描述
╱ 线	在地图上绘制自由直线或折线
□ 矩形	在地图上绘制矩形线
○ 圆形	指定圆心和半径框绘制圆形线
○ 椭圆	指定椭圆圆心、长半径和短半轴绘制椭圆线
ᔦ 手绘曲线	单击鼠标左键，移动鼠标绘制自由曲线

表 5-6　面要素构造工具

图标	功能描述
⬱	在地图上绘制不规则面
□ 矩形	在地图上绘制矩形面
○ 圆形	指定圆心和半径框绘制圆形面
○ 椭圆	指定椭圆圆心、长半径和短半轴绘制椭圆面
⊡ 自动完成面	自动追踪完成面的创建

5.2.6　基于现有要素创建要素

在创建点、线、面要素后，可以对其进行进一步的相关处理，形式有多种。

（1）复制要素

①方法一　启动编辑，在编辑器工具条，左键单击编辑工具图标 ▶，在地图上选择要复制的要素（按住 Shift 键可以同时选择多个要素），在 ArcMap 标准工具条，左键单击【复制】工具图标 ⬚，左键单击【粘贴】工具图标 ⬚，在弹出的【粘贴】对话框中（图 5-28），选择目标图层，单击【确定】按钮，则在目标图层相同位置上复制一个新要素。

②方法二　添加【高级编辑】工具，启动编辑，左键单击编辑工具图标 ▶，在地图上选择要复制的要素（按住 Shift 键可以同时选择多个要素），在【高级编辑】工具条，左键单击【复制要素工具】图标 ⬚，在地图上某位置左键单击，弹出【复制要素工具】对话框（图 5-29），选择目标图层，单击【确定】按钮，则在目标图层相应位置上复制一个新要素。

图 5-28　【粘贴】对话框

图 5-29　【复制要素工具】对话框

③方法三　启动编辑，左键单击编辑工具图标 ▶，在地图上选择要复制的要素（按住 Shift 键可以同时选择多个要素），在编辑器工具条，左键单击【编辑器】→【平行复制】命令，打开【平行复制】对话框，进行相关设置，选择要素模板，设置距离等，如图 5-30 所示，单击【确定】按钮，则在目标图层相同位置上复制一个新要素。

图 5-30　设置【平行复制】对话框

（2）使用现有线构造点

①在 ArcMap 中加载数据和线图层、要存放构造点的点图层。

②启动编辑器，在【编辑器】工具条图标 ▶，左键单击编辑工具，选择要构造点的线要素，左键单击【编辑折点】工具图标 ，则线上所有折点以小方块出现；

③在【编辑器】工具条，左键单击【编辑器】→【 构造点】命令，打开【构造点】对话框，进行相关设置（图 5-31）。其中，【模板】默认与当前要素一致；【点数】是指从线要素上采集的点个数；【距离】是指构造点之间距离，单位与当前地图单位一致；【方向】用于指定从线起点还是终点开始构造点要素；【按测量】是指沿着线基于 M 值以特定间隔创建点，只有具有 M 值的要素有效；【在起点和终点创建附加点】是指是否将起点和终点作为构造点，如果选择此选项，假若构建点个数确定，线距离不够长，则可以在起点或终点按照距离重复构建点数。

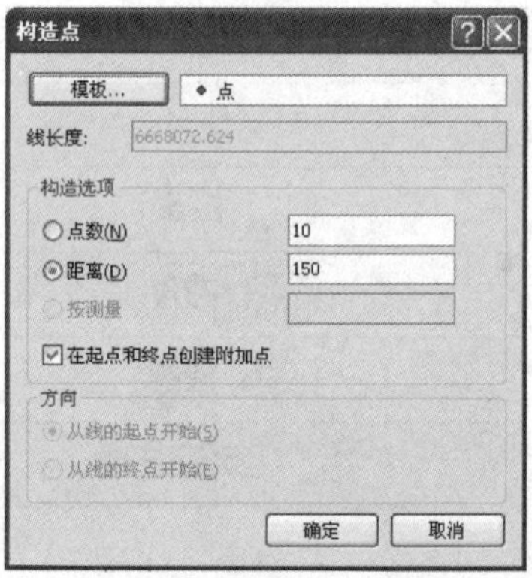

图 5-31　【构造点】对话框设置

（3）使用缓冲区创建要素

①启动编辑，在编辑器工具条，左键单击编辑工具图标 ▶，在地图上选择要进行缓冲区操作的要素。

②在编辑器工具条，左键单击【编辑器】→【缓冲】，打开【缓冲】对话框。

③设置【缓冲】对话框：【模板】默认和当前要素一致；【距离】是指缓冲区距离，单位和当前地图一致，如图 5-32 所示。

④单击【确定】按钮，则构建要素完成。

● 注意　该方法适用于建立防火林带、道路等线状图层，方便且精确。

（4）合并同一层的多个要素创建新要素

①启动编辑，在编辑器工具条，左键单击编辑工具图标 ▶，按住 Shift 键，在地图上选择要进行合并编辑的要素。

②在编辑器工具条，左键单击【编辑器】→【合并】，打开【合并】对话框。

③设置【合并】对话框：选择将与其他要素合并的要素，如图 5-33 所示。

图 5-32 【缓冲】对话框设置   图 5-33 【合并】对话框

④单击【确定】按钮，则合并要素完成。

● 注意 合并要素必须是同一类型的要素，并且必须是位于同一图层中的要素。

（5）联合不同层的多个要素创建要素

①启动编辑，选择要进行联合的多个要素。

②在编辑器工具条，左键单击【编辑器】→【联合】，
打开【联合】对话框。

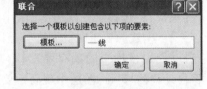

③设置【联合】对话框：选择存放新创建要素的模
板，如图 5-34 所示。

图 5-34 【联合】对话框

④单击【确定】按钮，则联合创建要素完成。

● 注意 多个要素联合可以是同类型不同图层中的要素。

（6）通过相交要素创建新要素

①添加相交命令工具。在 ArcMap 主菜单，左键单击【自定义】→【工具条】→【自定义】
命令，打开【自定义】对话框。在【自定义】对话框中，选择【命令】标签，在【类别】中查找
【编辑器】命令，然后在【命令】中找到【相交】按钮，左键单击选中将其拖动到编辑器下拉
菜单中即可，如图 5-35 所示。

②启动编辑，在编辑器工具条，左键单击编辑工具图标 ►，按住 Shift 键，在地图上
选择要进行相交编辑的多个要素。

③在编辑器工具条，左键单击【编辑器】→【相交】，打开【相交】对话框。

④设置【相交】对话框：选择存放新创建要素的模板，如图 5-36 所示。

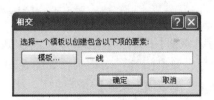

图 5-35 【自定义】对话框   图 5-36 【相交】对话框

⑤单击【确定】按钮，则相交创建要素完成。

（7）通过线要素构造面要素

①在 ArcMap 中加载相关数据资料，如闭合曲线的线要素文件（＊.shp）和要存放构造面的面要素文件（＊.shp）。

②在 ArcMap 菜单栏，左键单击【自定义】→【工具条】→【拓扑】命令，添加拓扑工具。

③启动编辑，选择要进行编辑的闭合曲线。

④在【拓扑】工具条，左键单击【构造面】图标

，打开【构造面】对话框。

⑤设置【构造面】对话框，如图 5-37 所示。设置【模板】：选择要存放构造面的图层文件；【拓扑容差】：构建面要素时的允许容差，默认 0.001 米；选择【使用目标中的现有要素】，则生成的新要素将自动调整与目标图层中现有面要素之间的关系，使要素之间不形成压盖。

图 5-37 【构造面】对话框

⑥左键单击【确定】按钮，构造面完成。

5.2.7 修改要素

修改要素是在启动编辑会话基础上，对要素的几何形状和属性进行修改，根据不同情况，有不同的处理方式，本节只介绍工作中比较常用的适合于小班图形数据编辑的修改工具操作，对于属性数据的修改操作，参考"任务 5.4 属性表编辑与管理"。

（1）拆分小班

①利用【裁剪面】工具。启动编辑，选择要进行拆分编辑的小班面，在编辑器工具条，左键单击【裁剪面工具】图标 中，按住左键进行相应操作即可，如图 5-38 所示。

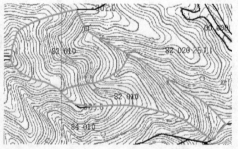

图 5-38 【裁剪面】工具拆分小班

②利用【裁剪】工具。启动编辑，选择要进行拆分编辑的小班面，左键单击【编辑器】→【裁剪】命令，弹出【裁剪】对话框，如图 5-39 所示，进行相应设置即可。

● **注意** 在设置【裁剪】对话框时，对于【裁剪要素时】：一般选择"丢弃相交区域"。该方法适用于小班内嵌农田并与小班重叠，要把内嵌的农田抠出去建立环岛小班的操作。

③利用【追踪】工具。左键单击要进行编辑的小班某一点，弹出【要素构造】工具条，

选择【追踪】工具 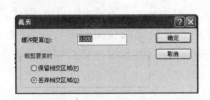，进行操作即可，如图 5-40 所示。

图 5-39　【裁剪】对话框

图 5-40　利用【追踪】工具拆分小班

（2）合并小班

启动编辑，按住 Shift 键，选择要进行合并的小班，左键单击【编辑器】→【合并】，弹出【合并】对话框，选择最终的合并小班即可，如图 5-41 所示。

图 5-41　合并小班

（3）增加小班

利用【自动完成面】工具。启动编辑，在【创建要素】→【构造工具】栏，左键单击【自动完成面】工具图标 **自动完成面**，找到对应的小班边界，进行编辑操作即可。

● 注意　对于利用【自动完成面】工具增加小班，只适合于在边界外围增加小班，内部不适合。

（4）小班边界其他编辑操作

在编辑小班边界时，左键单击选中要进行编辑的小班，在【编辑器】工具条，左键单击【编辑折点】工具图标 ，弹出【编辑折点】工具条，同时小班进入要素编辑折点状态，如图 5-42 所示，在【编辑折点】工具条，左键单击选择相应的工具进行折点修改、添加、删除等操作。

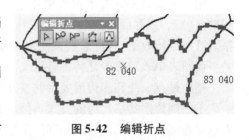

图 5-42　编辑折点

任务 5.3　拓扑错误编辑

【任务描述】

拓扑是点、线和多边形要素共享几何方式的排列布置。检查空间数据图形数据是否有错误，进行拓扑处理是非常有效的一种手段。本任务要求学生基于给定的空间图形数据（如九潭工区．shp），进行拓扑检查及编辑工作。通过任务的完成，要求学生领会拓扑构建及应用，掌握拓扑错误编辑的主要内容，能够基于 ArcCatalog 或者 ArcToolbox 创建拓扑并向拓扑中添加要素类和添加拓扑规则，针对小班重叠、有缝隙的情况，进行拓扑检查并编辑处理，根据不同的情况，选择合适的拓扑规则进行空间图形数据的拓扑错误检查、编辑修正处理，灵活应用于生产实际。

【知识准备】

（1）拓扑简介

拓扑，是指自然界地理对象的空间位置关系，如相邻（是指对象之间是否在某一边界重合，如行政区划图中的省、县数据）、重合（是指确认对象之间是否在某一局部互相覆盖，如公交线路和道路之间的关系）、连通（连通关系可以确认通达度、获得路径等）等，是地理对象空间属性的一部分，表示地理要素的空间关系，是在要素集下要素类之间的拓扑关系集合。

拓扑是结合了一组编辑工具和技术的规则集合，它使地理数据库能够更准确地构建几何关系模型。ArcGIS 通过一组用来定义要素共享地理空间方式的规则和一组用来处理在集成方式下共享几何的要素的编辑工具实施拓扑。拓扑以一种或多种关系的形式保存在地理数据库中，这些关系定义一个或多个要素类中的要素共享几何的方式。参与构建拓扑的要素仍是简单要素类，拓扑不会修改要素类的定义，而是用于描述要素的空间关联方式。

如果有重叠且共享相同坐标位置、边界或节点的要素，则地理数据库拓扑可帮助更好地管理地理数据，确保数据完整性。拓扑的使用提供了一种对数据执行完整性检查的机制，帮助您在地理数据库中验证和保持更好的要素表示。此外，还可以使用拓扑为要素之间的多种空间关系建模。这为多种分析操作（如查找相邻要素、处理要素之间的重叠边界以及沿连接要素进行导航）提供了支持。

（2）拓扑应用

拓扑一直是 GIS 在数据管理和完整性方面的关键要求。通常，拓扑数据模型通过将空间对象（点、线和面要素）表示为拓扑原始数据（结点、面和边）的基础图表来管理空间关系。这些原始数据（连同它们彼此之间及其所表示的要素边界之间的关系）通过在拓扑元素的平面图表中表示要素几何进行定义。

拓扑是点、线和多边形要素共享几何方式的排列布置。拓扑用于以下操作：

①限制要素共享几何的方式。例如，相邻多边形（如宗地）具有共享边、街道中心线和人口普查区块共享几何以及相邻的土壤多边形共享边。

②定义并执行数据完整性规则：多边形之间不应存在任何间距、不应有任何叠置要素等。

③支持拓扑关系查询和导航，如确定要素邻接性和连通性。

④支持可强制执行数据模型拓扑约束的复杂编辑工具。

⑤根据非结构化的几何构造要素，如根据线创建多边形。

（3）拓扑中要素共享几何的方式

要素可在拓扑范围内共享几何。例如，区域要素可共享边界（面拓扑）、线要素可以共享端点（边结点拓扑）。

此外，通过地理数据库拓扑在要素类之间管理共享几何。例如，线要素与其他线要素共享线段、面要素与其他面要素重叠、宗地可以嵌套在块中、线要素可以与其他点要素共享端点折点（结点拓扑）、点要素可以与线要素重叠（点事件）。

（4）ArcGIS 中的拓扑

在地理数据库中，拓扑是定义点要素、线要素以及面要素共享重叠几何方式的排列布置。例如，街道中心线与人口普查区块共享公共几何，相邻的土壤面共享公共边界。

处理拓扑不仅仅是提供一个数据存储机制。在 ArcGIS 中，拓扑包括以下所有方面：

①地理数据库包括一个拓扑数据模型，该模型对简单要素（点、线及面要素类）、拓扑规则以及具有共享几何的要素之间的拓扑集成坐标使用开放式存储格式。该数据模型能够为参与拓扑的要素类定义完整性规则和拓扑行为。

②ArcGIS 在 ArcMap 中包括了用于显示拓扑关系、错误和异常的拓扑图层。ArcMap 还包括一组用于拓扑查询、编辑、验证以及纠错的工具。

③ArcGIS 包括用于构建、分析、管理以及验证拓扑的地理处理工具。

④ArcGIS 包括用于分析和发现点、线以及面要素类中拓扑元素的高级软件逻辑。

⑤ArcMap 包括一个编辑和数据自动化框架，用于创建、维护和验证拓扑完整性以及执行共享要素编辑。

⑥在能够导航拓扑关系、处理邻接和连通性以及通过这些元素组装要素的 ArcGIS for Desktop 和 ArcGIS for Server 产品中均包含 ArcGIS 软件逻辑。例如，标识共享特定公用边的面、列出在某个结点连接的边、从当前位置起沿连接边导航、添加一条新线并将其嵌入拓扑图、在交叉点分割线，以及创建生成的边、面和结点等。

（5）ArcGIS 中构建拓扑

在 ArcGis 中根据现有数据构建拓扑的过程如下：

设计拓扑→在地理数据库中的公用要素数据集内创建一组要素类→如果已经有要素数据，将这些数据加载到要素类中→使用 ArcCatalog 或地理处理工具创建拓扑→构建和验证拓扑→将拓扑添加到 ArcMap 并设置其显示属性→使用编辑环境识别和修复错误→管理要素类更新和脏区→管理版本化地理数据库内的拓扑→执行多个其他一般编辑任务.

（6）ArcGIS 中拓扑工具简介

ArcGis 中拓扑工具如图 5-43 所示，其必须在编辑状态下被激活后才能对图形数据进行拓扑编辑处理。

图 5-43 拓扑工具

其各项工具功能介绍见表 5-7。

表5-7　拓扑工具条

图标	名称	功能描述
	地图拓扑	在要素重叠部分之间创建拓扑关系
	拓扑编辑工具	编辑要素共享的边和结点
	修改边	处理所选拓扑边，并根据这条边生成编辑草图，同时更新共享边的所有要素
	修整边工具	通过创建一条新线替换现有边，同时更新共享边的所有要素
	显示共享要素	查询哪些要素共享指定的拓扑边或结点
	构造面	根据现有的所选线或其他面创建新面
	分割面	通过叠置要素分割面
	打断相交线	在交叉点处分割所选线
	验证指定区域中的拓扑	对指定区域的要素进行检查，以确定是否违反所定义的拓扑规则
	验证当前范围中的拓扑	对当前地图窗口范围的要素进行检查，以确定是否违反所定义的拓扑规则
	修复拓扑错误工具	快速修复检查时产生的拓扑错误
	错误检查器	查看并修复产生的拓扑错误

【任务实施】

对于图形数据的拓扑错误检查及编辑处理，ArcGIS 提供有多种拓扑规则，本任务实施针对林业生产实际工作中常见的小班编辑拓扑错误，本节以小班重叠和小班有缝隙为例进行操作。

5.3.1　创建拓扑

(1)新建文件地理数据库

①启动 ArcCatalog，在【目录树】窗口右键单击【文件夹连接】→【连接文件夹】命令，打开【连接到文件夹】对话框，查找路径，浏览文件夹，选择要存放地理数据库的文件夹(如位于"…\ project5 \ 拓扑错误编辑 \ result")。

②在【目录树】窗口右键单击选中存放地理数据库的路径与文件夹名称(如"…\ project5 \ 拓扑错误编辑 \ result")，弹出下拉菜单，左键单击【新建】→【文件地理数据库(O)】命令，创建"新建文件地理数据库 . gdb"。

(2)新建要素数据集

在【目录树】窗口右键单击"新建文件地理数据库 . gdb"名称，弹出下拉菜单，左键单击【新建】→【要素数据集】命令，调出【新建要素数据集】对话框，按照步骤提示，一步步填写设置【新建要素数据集】对话框，新建要素数据集名称：数据集，设置坐标系统：Beijing 1954 3 Degree GK Zone 39。

（3）要素数据集中导入要素类

①在【目录树】窗口右键单击"数据集"名称，弹出下拉菜单，左键单击【导入】→【要素类（单个）】命令，调出【要素类至要素类】对话框。

②设置【要素类至要素类】对话框。确定【输入要素】：九潭工区；指定路径，确定输出要素类的存放位置，【输出位置】："…\project5\拓扑错误编辑\result"；键入输出要素类名称，【输出要素类】：九潭。

（4）基于 ArcCatalog 创建拓扑

基于 ArcCatalog 创建拓扑时，则在拓扑构建过程中要素类及拓扑规则一并添加进去，具体操作如下：

在【目录树】窗口右键单击"数据集"名称，弹出下拉菜单，左键单击【新建】→【拓扑】命令，弹出【新建拓扑】对话框（图 5-44），左键单击【下一步】按钮，按照步骤提示一步一步设置对话框。

①【输入拓扑名称】：数据集 Topology，【输入拓扑容差】：默认 0.001 米即可。

②【选择要参与到拓扑中的要素类】：九潭。

③【输入等级数】：5，一般选择默认即可。

④【添加规则】：不能重叠，不能有空隙。

● 注意　此处是针对小班重叠及有空隙的情况进行拓扑检查及编辑工作，所以选择不能重叠，不能有空隙，实际工作中针对不同的情况，选择所需的规则即可。同时每一个要素可以重复添加多个规则。

⑤添加规则完成后，左键单击【下一步】按钮，左键单击【完成】按钮，则新建拓扑完成。

新建拓扑完成后，弹出【新建拓扑】提示框，询问是否进行拓扑验证，单击【确认】按钮，则在目录树中显示创建好的拓扑（图 5-45）。

图 5-44　【新建拓扑】对话框

图 5-45　创建好的拓扑

● 注意　单击【下一步】按钮，可以查看【摘要】信息框的反馈信息，如果有错误可以返回到上一步，继续修改添加规则。在设置对话框时，如果需要修改，也可以直接左键单击【上一步】按钮，返回到上一步重新进行设置。

（5）基于 ArcToolbox 创建拓扑

基于 ArcToolbox 创建拓扑，不同于 ArcCatalog，前者是先创建空的拓扑，然后再添加要素和拓扑规则，具体操作如下：

①创建拓扑　在 ArcToolbox 命令菜单栏，左键双击【数据管理工具】→【拓扑】→【创建拓扑】，打开【创建拓扑】对话框并进行设置，如图 5-46 所示。

a. 左键单击【输入要素数据集】图标 ，查找路径，浏览文件，【输入要素数据集】：…\ project 5 \ 拓扑错误编辑 \ result \ 新建文件地理数据库 . gdb \ 数据集。

b. 确定输出拓扑名称，在【输出拓扑】中输入创建拓扑的名称：数据集 Topology。

c. 在【拓扑容差】选择默认值。

d. 左键单击【确定】按钮，完成拓扑创建。

图 5-46　【创建拓扑】对话框设置

②向新建拓扑中添加要素类与拓扑规则。

a. 方法一　使用 ArcCatalog 向拓扑中添加新的要素类与拓扑规则，具体操作如下：

在 ArcCatalog 目录树列表，右键单击新建拓扑"数据集 Topology"名称，弹出下拉菜单，左键单击【属性】命令，打开【拓扑属性】对话框（图 5-47），切换到【要素类】选项卡，左键单击【添加类】按钮，打开【添加类】对话框，添加要素：九潭，单击【确定】按钮，则添加要素类完成。然后对话框切换到【规则】选项卡，左键单击【添加规则】按钮，打开【添加规则】对话框，添加规则：不能重叠、不能有空隙，单击【确定】按钮，则规则添加完成。如果切换到【错误】选项卡，则可以生成摘要，查看相关规则，进行修改。

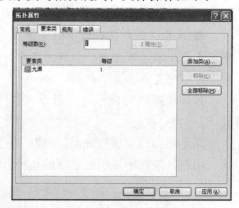

图 5-47　【拓扑属性】对话框

b. 方法二　基于 ArcToolbox 拓扑工具向拓扑中添加新的要素类与拓扑规则，具体操作如下。

在 ArcToolbox 工具菜单列表，左键双击【数据管理工具】→【拓扑】→【向拓扑中添加要素类】命令，打开【向拓扑中添加要素类】对话框并进行设置（图 5-48），查找路径，浏览文件，【输入拓扑】：数据集 Topology，【输入要素类】：九潭，左键单击【确定】按钮，则添加要素完成。

在 ArcToolbox 工具菜单列表，左键双击【数据管理工具】→【拓扑】→【添加拓扑规则】命令，打开【添加拓扑规则】对话框并进行设置（图 5-49），查找路径，浏览文件，【输入拓扑】：数据集 Topology，设置【规则类型】：不能重叠、不能有缝隙，【输入要素类】：九潭，左键单击【确定】按钮，则添加拓扑规则完成。

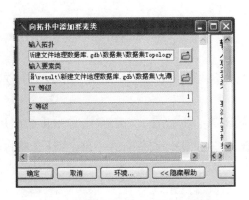

图 5-48　【向拓扑中添加要素类】对话框

图 5-49　【添加拓扑规则】对话框

5.3.2　加载工具

启动 ArcMap，查找路径，浏览文件，添加数据：数据集 Topology 和九潭，并加载相应的拓扑错误编辑工具。

①加载编辑器工具　在 ArcMap 菜单栏，左键单击【自定义】→【工具条】→【编辑器】命令，添加编辑器工具。

②加载拓扑工具　在 ArcMap 菜单栏，左键单击【自定义】→【工具条】→【拓扑】命令，添加拓扑工具。

③加载捕捉工具　在 ArcMap 菜单栏，左键单击【自定义】→【工具条】→【捕捉】命令，添加捕捉工具。

5.3.3　拓扑检查

(1)在编辑器工具条，左键单击【编辑器】→【开始编辑】命令，则相应的拓扑工具及捕捉工具被激活。

(2)在拓扑工具条，左键单击【错误检查器】图标 🔳 ，则弹出【错误检查器】对话框，在显示栏，选择相应的规则错误，左键单击【立即搜索】按钮，则相应的规则错误及数量显示在列表中。左键单击规则类型错误，则在图形数据上有相应的显示，如图 5-50 所示。

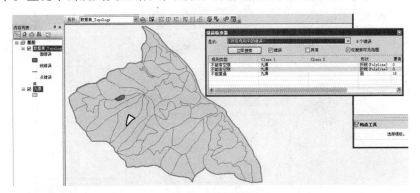

图 5-50　拓扑检查

5.3.4 拓扑错误编辑

（1）"不能重叠"错误修复

①在【错误检查器】对话框，左键单击选择错误类型：不能重叠，并在图形数据上找到相应位置，放大图形利于编辑。

②在【拓扑】工具，左键单击【修复拓扑错误工具】图标 ，右键单击选中重叠图形，弹出下拉菜单，左键单击【合并】命令，弹出【合并】对话框，选择合并小班，即【选择将与错误合并的要素】：九潭 - 18，如图 5-51 所示。

③左键单击【确定】按钮，则合并完成，重叠错误修复完成。

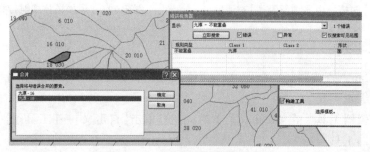

图 5-51 拓扑错误编辑修复

（2）"不能有空隙"修复

①在【错误检查器】对话框，左键单击选择错误类型：不能有空隙，并在图形数据上找到相应位置，放大图形利于编辑。

②在【创建要素】对话框【构造工具】栏，左键单击【自动完成面】图标 ，左键单击在空隙处划一条线，线的首尾两端需在空隙外，将空隙切分为两个面。

③在拓扑工具条，左键单击【验证当前范围中的拓扑】图标 自动完成面，则空隙被分为两个面显示在图形数据中。

④在编辑器工具条，左键单击【编辑器】→【合并】命令，弹出【合并】对话框，选择合并小班，即【选择将与其他要素合并的要素】：九潭 - 25 020，如图 5-52 所示。

图 5-52 "不能有空隙"拓扑错误编辑

⑤左键单击【确定】按钮，则合并完成，在【拓扑】工具条，左键单击【验证当前范围中的拓扑】工具图标 ☑️，则空隙错误修复完成，并在图上有相应显示。

● 注意　在进行拓扑错误检查及编辑完成后，数据仍处于拓扑错误编辑状态，这时可以进行其他在非拓扑状态下不能进行的编辑操作。如在拓扑编辑状态下进行公共边的修改时，可实现修改两个小班的公共边，而在普通编辑状态下，则无法实现此功能。即修改某一小班的边界，若是通过普通编辑修改边，其相邻小班的边界没动，若是通过拓扑编辑修改边，其相邻的小班边界会同时发生修改。因此，在移动小班界线时，建议在拓扑编辑状态下进行修改。具体方法如下：在【拓扑】工具栏，利用【修改边】工具，移动边界折点；利用【修整边工具】修整边界线；利用【显示共享要素】工具，显示共享边信息。

5.3.5　数据保存

按照上述"5.3.4　拓扑错误编辑"中的方法把所有的错误修复完成后，并再次左键单击【错误检查器】图标 🔳 进行检查，确定无误后则进行数据的保存工作，具体操作如下：

在编辑器工具条，左键单击【编辑器】→【停止编辑】命令，并保存编辑内容。对于编辑完成的数据，可以保存地图文档(.mxd)，具体操作为：在 ArcMap 菜单栏，左键单击【文件】→【保存】命令，弹出【另存为】对话框，设置保存路径，键入文件名称，保存为地图文档(.mxd)即可。也可进行数据的导出工作，具体操作为：在 ArcMap【内容列表】窗口，右键单击数据文件(九潭.shp)名称，弹出下拉菜单，左键单击【数据】→【导出数据】命令，弹出【导出数据】对话框，进行相关设置，设置保存路径与数据文件名称等即可，最后获取的图形数据，如图 5-53 所示。

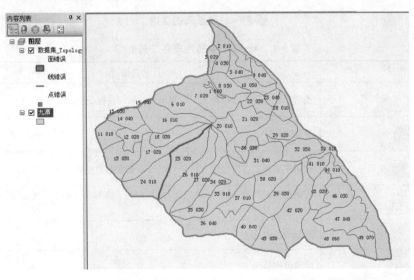

图 5-53　拓扑错误编辑完成后的图

任务 5.4 属性表编辑与管理

【任务描述】

对图形数据进行编辑并拓扑检查编辑完成后，下一步的工作便是进行要素相关属性的录入工作，即进行属性表的编辑与管理工作。通过本任务的完成，要求学生掌握属性表编辑与管理的工作内容，能够进行属性表的建立与导出工作，针对属性表，能够进行添加、删除、修改、复制、粘贴，增加字段，以及进行连接与关联等操作，掌握属性表编辑与管理的基本技能，并灵活应用于生产实际。

【知识准备】

属性是实体的描述性性质或特征，具有数据类型、域、默认值三种性质。在 ArcGIS 中描述某一地理实体或地理现象都是用相应的属性表述，有些是文本语言表述，有些是具体的测量数值，将它们放置到一张表上就构成属性表。

对于 ArcGIS 中属性表的认识，其结构如图 5-54 所示，各工具介绍见表 5-8。

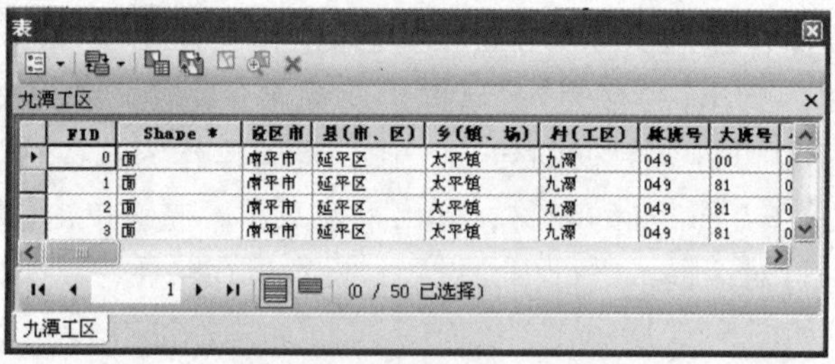

图 5-54 属性表的结构

表 5-8 ArcGIS 中属性表各工具介绍

图标	功能描述
	表选项，左键单击可弹出下拉菜单，其包含各种操作的菜单命令
	关联表
	按属性选择，可以构建 SQL 语句进行要素数据的查询获取
	切换选择，其可与【按属性选择】搭配使用，获取基于【按属性选择】所查询内容外的要素内容
	清除所选内容
	缩放至所选项
	删除所选项
	移动到表开始处

（续）

图标	功能描述
◀	移动到前一条记录
▶	移动到下一条记录
▶▮	移动到表结束处
▤	显示所有记录
▤	显示所选记录

【任务实施】

5.4.1　新建表

利用 ArcCatalog 新建表，具体操作如下：启动 ArcCatalog，在【目录树】窗口，右键单击【文件夹连接】→【连接文件夹】命令，查找路径，选择存放新建表的文件夹，如位于"…\ project5 \ 属性表编辑与管理 \ result \ "，右键单击"… \ project5 \ 属性表编辑与管理 \ result \ "名称，弹出下拉菜单，在下拉菜单，左键单击【新建】→【dBASE 表】，则新建表完成。

对于要素属性表的建立，伴随着要素（*. shp 文件）的形成，相应的属性表（Shapefile 属性表）也形成，具体操作参照"任务 3.1　Shapefile 文件的创建与管理：dBASE 表创建"，在此不再赘述。

5.4.2　表的常用编辑操作

（1）表名称修改

①新建表　在 ArcCatalog 内容窗口，右键单击表名称，弹出下拉菜单，左键单击选择【重命名】，输入新名称："Table"即可。

②其他表　在 ArcMap 中添加后，右键单击表名称，弹出下拉菜单，左键单击选择【属性】，弹出【表属性】对话框，切换到【常规】选项卡，输入新【表名】："Table"即可，如图 5-55 所示。

（2）增加字段

对于新建表，其只有两列字段，均是由系统自动创建的，如图 5-56 所示。第一个为 OID，用于自动标识不同记录，不允许用户输入、修改数据；第二个为 Field1，接受用户输入数据。

增加字段操作如下：在 ArcMap 中打开表，在【表】菜单栏，左键单击【表选项】→【添加字段】命令，弹出【添加字段】对话框。设置字段【名称】：面积；设置字段【类型】：双精度；设置【字段属性】：精度 7 与比例 7，如图 5-57 所示。单击【确定】按钮，则添加字段完成。

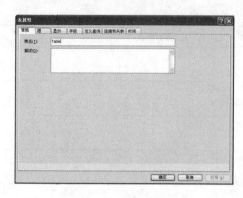

图 5-55　表名称修改　　　　　　　　　　　　图 5-56　新建表

● 注意　此处添加字段中，字段类型提供多种，其含义和使用范围如下：

①短整型　表示有符号的 16 位整数形式，取值范围介于 $-2^{16} \sim 2^{16}$，一旦超过 32767，值就会变成负值；

②长整型　表示有符号的 64 位整数形式，取值范围为 $-2^{63} \sim 2^{63}$，适用于字符长度较长；

③浮点型（单精度）　是指占用 32 位存储空间的包含小数的数值，其取值有效范围为 $10^{-37} \sim 10^{38}$，其输出小数位数为 7 位，对精度要求不高时，此数据类型运行速度快于双精度。

④双精度型　指占用 32 位存储空间的带有小数部分的实数，一般用于科学计算，其数值范围为 $10^{-307} \sim 10^{-308}$，其输出小数位数为 15 位。

⑤文本　是指书面语言的表现形式，通常用于具体的名称类等。

（3）删除字段

在【表】对话框，单击右键选择要删除的字段列，弹出下拉菜单，在下拉菜单，左键单击【删除】命令即可，如图 5-58 所示。

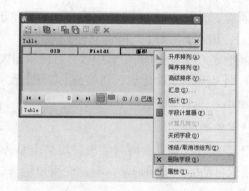

图 5-57　添加字段　　　　　　　　　　　图 5-58　删除字段

（4）字段排序

在【表】对话框，单击右键选择要删除的字段列，弹出下拉菜单，在下拉菜单，左键单击选择【升序排列】、【降序排列】，或者选择【高级排序】进行相关设置即可，如图 5-58 所示。

（5）添加记录或修改属性

打开属性表，使表处于可编辑状态，表中的字段名从灰色变为白色，用键盘添加记录或修改属性即可。

● 注意　对于属性表记录，一般是一个图斑数据对应一条记录，所以在进行记录添加或修改属性时，要先在 ArcMap 中打开图形数据，并使图形数据处于可编辑状态，然后对其进行编辑操作，编辑完成一个新图斑，则一条记录自动添加到对应的属性表中，然后针对此记录进行属性的输入即可。

（6）删除记录

打开表，使表处于可编辑状态，左键单击要删除的记录左侧的小方格，则该条记录高亮显示，按键盘 Delete 键或单击【删除】按钮图标 ✖ 即可。如果删除多条记录，则按住 Ctrl 键同时选择多条记录。

● 注意　对于属性表记录的删除，如果图形数据里的对应图斑删除，则属性表记录也就自动删除。

（7）结束编辑

编辑完成后，选择【停止编辑】，系统会提示："是否要保存编辑内容"，选择【是】，则保存编辑结果；选择【否】，则放弃保存编辑结果。

（8）表导出

左键单击【表】→【导出】命令，弹出【导出数据】对话框。根据不同的情况，在【导出】下拉列表选择："所有记录"或"所选记录"，其中"所有记录"是把整个表导出，"所选记录"只是导出所选中的记录；在【输出表】栏，设置存放路径，确定表名称，保存类型选择"dBASE 表"。

5.4.3　表的连接

建立表和表之间的连接，使查询的功能、内容得到扩展。在林业实际工作中，经常进行图形数据的编辑，系统自动生成属性表，对于自动生成的属性表只添加一列字段，如小班编号或行政代码等，再进行表与表的连接，通过与其他表的连接，把已经编辑好的属性记录添加进来。在实际工作中，对于表的连接，常用"两种形式，代码库连接和实码库连接。

（1）代码库连接

①启动 ArcMap，浏览路径，查找文件，添加相关数据："… \ project5 \ 属性表编辑与管理 \ data \ 惠安本机"。

②在【内容列表】窗口，右键单击"惠安本机"名称，弹出下拉菜单，左键单击【连接和关联】→连接命令，弹出【连接数据】对话框。或者先打开属性表，再在【表】里打开【连接数据】对话框。

③设置【连接数据】对话框，如图 5-59 所示。

a. 在【要将哪些内容连接到该图层】下拉列表中选择：表的连接属性。

b.【选择该图层中连接将基于的字段】：XBNO。

● 注意 在本任务案例中，在【选择该图层中连接将基于的字段】中选择 XBNO，在实际应用中，可根据需要选择相对应的字段。

c. 查找路径，浏览文件，在【选择要连接到此图层的表，或者从磁盘加载表】中选择加载连接表："省厅资源库"，（位于…\ project5 \ 属性表编辑与管理 \ data \ 惠安省厅代码库）。

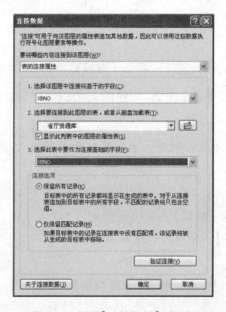

图 5-59　设置【连接数据】对话框

● 注意 在【选择要连接到此图层的表，或者从磁盘加载表】中，此处要加载的表格必须是 . dbf 格式的数据库文件。

d. 在【选择此表中要作为连接基础的字段】下拉列表中选择："XBNO"。

● 注意 在【选择此表中要作为连接基础的字段】中，此处的字段选择要与在【选择该图层中连接将基于的字段】一致。

e. 确定【连接选项】，选择【保留所有记录】。

f. 单击【确定】按钮，执行【连接】操作，获取连接后的表。

（2）实码库连接

对于实码库表的连接，其操作与代码库连接相同，只不过是表里面的内容表达方式不同而已，具体操作参考"5.4.3 中的（1）代码库连接"，其操作案例数据位于（"…\ projects \ 属性表编辑与管理 \ data \ 实码库连接）。

5.4.4　表的关联

对于表的关联，其操作与表的连接相同，也是启动 ArcMap，添加数据，选择【关联】

命令，打开【关联】对话框并进行设置，具体操作参考
"5.4.3　表的连接"。其【关联】对话框的设置，如图 5-60
所示。

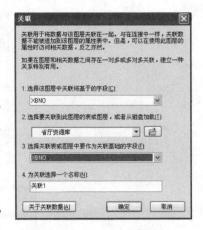

● 注意　表的连接与表的关联，两者区别如下：

①连接关系不一样　关联方式连接的两个表之间的记
录可以是"一对一""多对一""一对多"的关系。连接方式
连接的两个表之间的记录只能是"一对一""多对一"的关
系，不能实现"一对多"的连接。

②显示外观与结果处理不一样　两个表关联后，仍为
独立的两个表，选择一个表的记录时，另一个表的对应记
录也同步被选择，分别显示在各自的窗口中，不能参与到
结果表里的任何操作。两个表连接后，被连接的表直接合

图 5-60　设置【关联】对话框

并到结果表中，表的显示紧凑、简洁，查询操作也简单，除不能进行修改和删除操作外，
可以参与到其他任何关于表的操作。

5.4.5　超连接

超连接是一个通道，使要素及其属性的查询扩展到非表状属性数据，除显示一般图
像，还可调用文本文件、视频，打开指定的网站，启动其他应用程序等。超链接的属性一
般存放在要素属性表的字段里，也可以存放在独立的外部表，经过连接方式连接到要素属
性表。

ArcGIS 中超链接有两种形式：字段属性值设置和利用【识别】工具添加超链接。

（1）字段属性值设置

①在内容列表中某图层名称上单击右键，在弹出的快捷菜单中，单击【打开属性表】，
打开【表】窗口。

②添加文本型字段"超链接"，字段值设为要添加的超链接路径。

③双击图层名称，打开【图层属性】对话框，单击【显示】标签，在【超链接】区域中选
中【使用下面的字段支持超链接】复选框，然后选择"超链接"字段，如果超链接不是网址
或宏，则选择"文档"，单击【确定】按钮，关闭【图层属性】对话框。

④这时【工具】工具条中的 工具就被激活，单击此工具，移动鼠标指针到要素上，
即可看到属性字段超链接的提示信息，然后单击设置超链接的要素，打开相应文档。

（2）利用【识别】工具添加超链接

①利用 工具单击要添加超链接的要素，打开【识别】对话框。

②右击【识别】对话框左边的要素名称，在弹出的菜单中选择【添加超链接】并打开，
选择【链接到文档】或者【链接到 URL】，输入相应内容，即可将此要素同网址建立链接，
单击【确定】按钮，完成设置，如图 5-61 所示。

③单击【工具】工具条中的 按钮，在地图显示窗口中单击添加了超链接的要素，即
可打开设置的文档或网址。

图 5-61　利用【识别】工具添加超链接

任务 5.5　空间数据查询

【任务描述】

空间数据进行图形编辑及拓扑检查、属性数据的编辑后，便可应用于工作生产中。在数据的应用过程中，不可避免要进行一些相关数据的查询与提取工作，从而更好地为生产服务，这便是空间数据查询的内容。本任务基于给定的数据（如九潭工区 . shp），要求学生进行数据查询工作，具体包括基于属性特征查询图形数据、基于空间图形数据查询属性特征，以及其他常用的各种查询等。通过任务的完成，要求学生掌握空间数据查询的主要内容，熟悉各种查询操作，掌握数据查询的基本技能，能够根据不同的情况，灵活选择查询操作并应用于生产实际。

【知识准备】

(1) 空间数据查询定义

地理信息系统（GIS）属空间型信息系统，即获取、存储、检索、分析和显示空间数据的计算机数据库应用系统。在 GIS 空间分析过程中，系统将会频繁地进行空间数据的检索与查询。因此，空间数据的检索查询是 GIS 的一项基本功能，是 GIS 高层次空间分析的基础，也是 GIS 面向用户的直接窗口。同时空间检索查询是地理信息系统的基本应用要求，是实施 GIS 高层次空间分析的重要基础，也是地理信息系统与其他管理信息系统在功能上的重要区别。

空间数据查询的实质是找出满足其属性约束条件或空间约束条件的地理对象。通常，空间数据的检索查询要求交互式进行，其结果通过两个视窗把空间数据和属性数据同时进行显示。因此，它既要便于用户选取空间数据，又要以可视化的方式显示空间数据。

空间数据查询建立在有序数据集合的基础之上，一般定义为从空间数据库中找出所有满足其属性约束条件和空间约束条件的地理对象，亦即按特定的目标有针对性地查找特定的表达和描述特定地物的数据集合，简称空间查询。查询的实质是查找满足查询条件的空间数据与属性数据集合。空间数据的查询也可理解为对空间目标的属性、空间位置、范围和关系按一定条件进行检索，并形成一个新的数据子集或专题图层，便于分析。因此空间数据的查询也称为空间检索。

（2）空间数据查询内容与分类

空间数据的检索查询是能够实现 GIS 查询功能的技术手段，它涉及到空间数据模型、空间数据拓扑关系、空间引擎等问题。根据空间数据的特性和使用角度可将空间查询概括为以下几类：

①基于属性特征的查询　基于属性特征的空间查询是通过给出属性约束条件，找出满足其属性约束条件的地理对象，包括实体的空间位置、形态数据以及相关联的属性数据子集，然后通过 GIS 系统进行空间定位，可以形成一个新的专题。基于属性特征的空间查询的关键是设置属性约束条件。基于属性特征的查询，通俗地讲就是由属性特征数据查询图形数据，这类查询，从内部过程上看，属于"属性到图"的查询，其实质是基于常规关系数据库的查询，通常由标准的 SQL 实现，然后再按照属性数据和空间数据的对应关系显示图形。

②基于空间特征的查询　空间性是空间数据的主要特征，它是指空间实体的空间位置特征、形态特征及空间关系（如空间拓扑）。空间特征的查询通常指以图形、图象或符号为语言元素的可视化查询。基于空间特征的查询，通俗地讲就是由空间数据查询属性特征数据，从查询的内部过程看，是属于"图到属性的查询"。这类查询首先借助于空间索引在空间数据库中找出空间地理对象，然后，再根据 GIS 中属性数据和空间数据的对应关系找出显示地理对象的属性，并可进一步进行相关的统计分析。通常把基于空间特征的查询分为：

a. 空间几何数据查询　主要根据空间目标的几何度量数据，分析计算不同地物（如线状地物）的长度、组成、坐标点数及面状地物的面积、周长等。

b. 空间定位查询　这是空间查询中最基本的查询功能，只要空间数据是同大地坐标进行了配准的，通常由单击或范围（圆形、矩形或不规则形）查询。如用简单的单击或范围选择空间图形、空间点状地物，单击点状地物，可获取坐标点地理位置；单击线状地物，可获取该线长度及地理位置；单击面状地物，可获取该面周长、面积及其地理位置。

c. 空间关系查询，主要是指拓扑关系查询。这类查询通常包括：

一是，同类要素间的邻接性查询、连通性、包含性查询、方向性查询等。例如，从中国地图上查询与内蒙古自治区相邻的有哪几个省，实质是进行邻接性查询；从中国地图上查询黄河有哪些支流，实质是进行连通性查询；从中国地图上查询内蒙古自治区有多少个市，实质是进行包含性查询；从中国地图上查询呼和浩特市和北京市哪个在北面，实质是进行方向性查询。

二是，不同类要素间的关联性查询、穿越性查询、落入性查询和方向性查询等。例如，从中国地图上查询包兰铁路沿线有多少站，实质是进行关联性查询；从中国地图上查询黄河经过哪几个省，实质是进行穿越性查询；从中国地图上查询经过内蒙古自治区的高速公路有多少条，实质是进行穿越性和落入性查询；从中国地图上查询黄河以南人口超过100万的城市有哪些，实质是进行方向性查询和人口属性查询。

【任务实施】

对于空间数据的查询，针对不同的情况，有多种不同的查询方法与操作，本任务以林业生产工作中常用的查询为例进行操作，包括基于属性特征查询图形数据、基于图形数据查询属性特征等。

5.5.1 查询图形数据

（1）基于属性特征查询图形数据

由属性特征查询图形数据，一般有 3 种操作方法，具体如下。

①基于【属性】→【定义查询】→【查询构建器】，设置 SQL 语句进行图形数据查询

a. 启动 ArcMap，在【内容列表】窗口，右键单击【图层】→【添加数据】，查找路径（位于"…\ project5 \ 空间数据查询 \ data \ "），浏览文件，添加要进行查询操作的数据：九潭工区 . shp。

b. 在【内容列表】窗口，右键单击数据名称"九潭工区"，弹出下拉菜单，在下拉菜单，左键单击【属性】命令，弹出【图层属性】对话框，如图 5-62 所示。

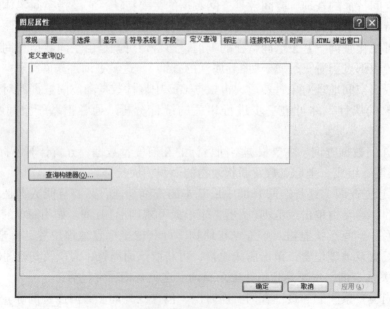

图 5-62　【图层属性】对话框

c. 在【图层属性】对话框，切换到【定义查询】选项卡（图 5-62），左键单击【查询构建器】按钮，打开【查询构建器】对话框，如图 5-63 所示。

 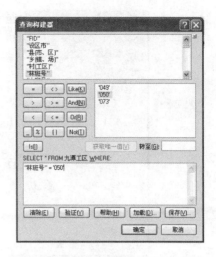

图 5-63 【查询构建器】对话框　　　　图 5-64 【查询构建器】构建查询条件

d. 在【查询构建器】对话框进行设置，构建查询条件，如图 5-64 所示。

在内容列表中，左键双击"林班号"，再左键单击" ＝ "按钮，左键单击【获取唯一值】

按钮图标 **获取唯一值(V)** ，则相应的林班号数值出现在右侧的唯一值列表框中，再

左键双击'050'，则查询条件设置完成，即要查询林班号为 050 的小班。

e. 左键单击【确定】按钮，则构建查询条件完成，关闭【查询构建器】对话框。同时相应的查询条件语句出现在【图层属性】→【定义查询】列表中，如图 5-65 所示。

图 5-65 设置完成后的【图层属性】对话框

f. 在【图层属性】对话框，左键单击【确定】按钮，则查询数据完成，获取满足条件的图形数据，并显示在 ArcMap 数据视图中，如图 5-66 所示。

● 注意　● 对于【查询构建器】，常用的语句是"And"、"Or"。

● 其中"And"是表示并且求交集的意思，如利用"And"可以构建如下查询条件语句："林班号" ＝ '050' OR "大班号" ＝'82'，表示查询林班号为 050 且大班号为 82 的图形数据；如果设置如下条件语句："林班号" ＝ '050'OR "林班号" ＝'073'，则不成立，无法

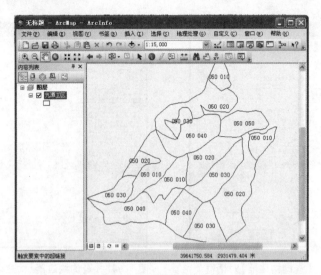

图 5-66 【定义查询】获取的"林班号 = 050"的图形数据

查询。

③"Or"是表示或者求并集的意思，如利用"Or"可以构建如下查询条件语句："林班号" = ′050′ OR "大班号" = ′82′，表示查询林班号为 050 或者大班号为 82 的图形数据；如果设置如下条件语句："林班号" = ′050′ OR "林班号" = ′073′，则表示查询"林班号" = ′050′ 或者 "林班号" = ′073′的图形数据，以上两种查询条件语句设置都是可行的。

④对于构建的 SQL 语句，可以进行验证。具体操作如下：语句设置好后，在【查询构建器】对话框，左键单击【验证】按钮，返回相应的记录。如果表达式语句设置正确，并能在图形数据中进行查询，则返回如图 5-67(a)所示的记录；如果表达式语句设置正确，但不符合逻辑且不能在图形数据中进行查询，则返回如图 5-67(b)所示的记录；如果语句表达式设置错误，则显示如图 5-67(c)所示。

⑤在构建 SQL 语句时，所有标点符号均使用英文半角。

⑥左键单击【加载】按钮，可以加载已经编写好的 SQL 语句进行查询；左键单击【保存】按钮，对现在编辑的 SQL 语句进行保存。

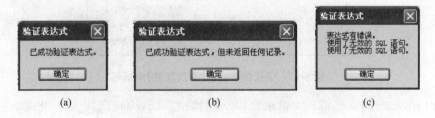

(a)   (b)   (c)

图 5-67 验证表达式返回的相关记录

②基于【选择】→【按属性选择】，设置 SQL 语句进行图形数据查询

a. 启动 ArcMap，在【内容列表】窗口，右键单击【图层】→【添加数据】，查找路径(位于"…\ project5 \ 空间数据查询 \ data \ )，浏览文件，添加要进行查询操作的数据：九潭工区 . shp。

b. 在 ArcMap 菜单栏，左键单击【选择】→【按属性选择】，则打开【按属性选择】对话框。

c. 设置【按属性选择】对话框，构建查询条件，查询数据，如图 5-68 所示。

在【图层】下拉列表中选择"九潭工区"图层，在【方法】下拉列表中选择"创建新选择内容"。

在字段列表中，调整滚动条，左键单击"林班号"，再单击【获取唯一值】图标按钮，则相应的林班号值出现在唯一值列表中。

左键双击"林班号"，然后单击" = "按钮，在唯一值列表中，找到"050"后左键双击，则查询条件表达式构建完成。

左键单击【确定】按钮，则查询图形数据在原图形数据中高亮显示，如图 5-69 所示。

图 5-68　【按属性选择】对话框设置

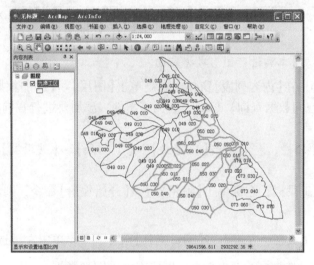

图 5-69　【按属性选择】获取的"林班号 = 050"的图形数据

● 注意　此种方法进行图形数据的查询，与"基于【属性】→【定义查询】→【查询构建器】，设置 SQL 语句进行图形数据查询"，其原理都是构建 SQL 语句，基于属性特征查询图形数据，区别在于启动查询后，按此种方法获取的数据只是高亮显示在原图中，而后者则直接出现在 ArcMap 数据视图中。

③基于【打开属性表】进行图形数据查询

a. 启动 ArcMap，在【内容列表】窗口，右键单击【图层】→【添加数据】，查找路径（位于"…\ project5 \ 空间数据查询 \ data \），浏览文件，添加要进行查询操作的数据：九潭工区 . shp。

b. 在【内容列表】窗口，右键单击图层名称"九潭工区"，弹出下拉菜单，在下拉菜单，左键单击【打开属性表】命令，则打开【表】对话框。

c. 在【表】对话框，左键单击选择一条记录，或按住 Shift 键同时选择多条记录，则相应的查询图形数据在原图形数据中高亮显示，如图 5-70 所示。

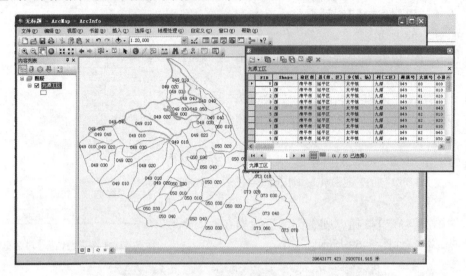

图 5-70　基于【打开属性表】查询图形数据

（2）基于【编辑器】工具进行图形数据查询

①启动 ArcMap，在【内容列表】窗口，右键单击【图层】→【添加数据】，查找路径（位于"…\ project5 \ 空间数据查询 \ data \ ），浏览文件，添加要进行查询操作的数据：九潭工区 . shp。

②在 ArcMap 菜单栏，左键单击【自定义】→【工具条】→【编辑器】命令，打开【编辑器】工具。

③在【编辑器】工具栏，左键单击【编辑器】→【开始编辑】命令，则激活编辑工具，可以对数据进行编辑。

④在【编辑器】工具栏，左键单击【编辑工具】图标 ▶，单击左键选择一个要素图形，或者按住 Shift 键同时选择多个要素图形，则要查询的图形数据在原图形数据中高亮显示，如图 5-71 所示。

● 注意　此种方法适合于原图形数据不大，且所查询目标小且简单的情况。

（3）基于【选择工具】进行图形数据查询

①启动 ArcMap，在【内容列表】窗口，右键单击【图层】→【添加数据】，查找路径（位于"…\ project5 \ 空间数据查询 \ data \ ），浏览文件，添加要进行查询操作的数据：九潭工区 . shp。

②在 ArcMap 工具栏，左键单击【通过矩形选择要素】图标 ▣，在原图形数据相应位置画矩形、圆形或其他图形，则相应的查询图形数据在原图形数据中高亮显示，如图 5-72 所示。

● 注意　此类方法也是适合于原图形数据不大，且所查询目标小且简单的情况。

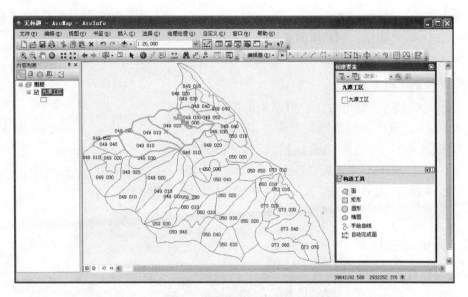

图 5-71 基于【编辑器】工具进行图形数据查询

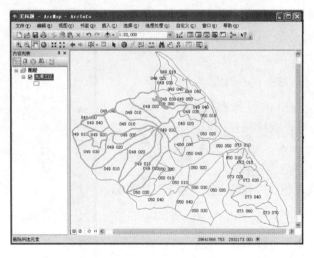

图 5-72 基于【选择工具】进行图形数据查询

（4）按空间关系查询图形数据

①启动 ArcMap，在【内容列表】窗口，右键单击【图层】→【添加数据】，查找路径（位于"…\project5\空间数据查询\data\"），浏览文件，添加要进行查询操作的数据：九潭工区. shp。

②在 ArcMap 菜单栏，左键单击【选择】→【按位置选择】命令，弹出【按位置选择】对话框。

③设置【按位置选择】对话框，如图 5-73 所示。在【选择方法】下拉列表中选择"从以下图层中选择要素"；在【目标图层】中选择"九潭工区"复选框；在【源图层】下拉列表中选择"九潭工区"；在【空间选择方法】下拉列表中选择"目标图层要素与原图层要素相交"，在

【应用搜索距离】设置"200 米"。

④单击【确定】按钮，则相应的查询图形数据在原图形数据中高亮显示。

（5）导出查询图形数据

在 ArcMap 图层数据窗口，右键单击图层数据名称"九潭工区"，弹出下拉菜单，左键单击【数据】→【导出数据】命令，弹出【导出数据】对话框，设置路径（位于"…\ project5 \ 空间数据查询 \ result \ "，确定数据文件名称"050 林班"），保存类型设置为Shapefile 即可。

5.5.2 查询属性数据

对于属性数据的查询，有一个属性表，打开属性表，可以查看所有要素图形数据的属性信息，具体参考"任务 5.4 属性表编辑与管理"，在此不再赘述。本任务里的查询属性数据，是指对特定目标图形数据的属性数据查询，也就是基于图性数据进行属性数据的查询，由图到属性的查询。

（1）基于【识别】工具查询属性信息

①启动 ArcMap，在【内容列表】窗口，右键单击【图层】→【添加数据】，查找路径（位于"…\ project5 \ 空间数据查询 \ data \ ），浏览文件，添加要进行查询操作的数据：九潭工区.shp。

②在 ArcMap 工具栏，左键单击【识别】工具图标 ，在图形数据"九潭工区.shp"中任意一个小班里左键单击，则弹出【识别】对话框，显示该小班"049 010"的所有属性信息，如图 5-74 所示。

③在【识别】结果对话框，左键单击"九潭工区"或"049 010"，在地图显示窗口可以看到小班"049 010"的图形在填充颜色闪烁显示。

（2）基于【测量】工具查询属性信息

①测量线长度和面面积

a. 在 ArcMap 工具栏，左键单击【测量】工具图标 ，弹出【测量】工具对话框，如图 5-75所示。

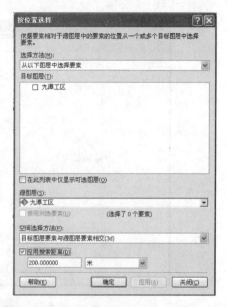

图 5-73 【按位置选择】对话框设置

图 5-74 【识别】结果对话框

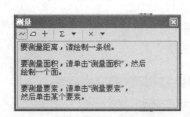

图 5-75 【测量】工具对话框　　　　图 5-76 测量线属性结果

b. 在【测量】对话框中单击【测量线】图标◻，在地图上草绘所需形状，双击鼠标结束线的绘制，则相关测量值便会显示在【测量】对话框中，如图 5-76 所示。在此测量线结果中，"线段"是指所绘草图线最后一段线段的长度，"长度"是指所绘制草图线段的总长度。

c. 在【测量】对话框中，单击【测量面积】图标╋，在地图上草绘所需形状，双击鼠标结束面的绘制，则相关测量值便会显示在【测量】对话框中，如图 5-77 所示。在此测量面结果中，"线段"是指在所绘草图面时最后一段线段的长度，"长度"是指所绘制草图面的周长，"面积"指所绘草图面的面积。

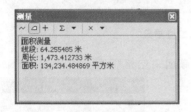

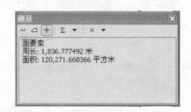

图 5-77 测量面属性结果　　　　图 5-78 测量要素面属性结果

②测量要素

在【测量】对话框中，单击【测量要素】图标╋，在地图上单击已存在的点要素、线要素或面要素，【测量】对话框中便会显示对应的测量结果，如图 5-78 所示。

5.5.3 坐标定位和查询

(1) 坐标定位

在实际工作中，经常需要将已知的某点的坐标定位到图形数据上，而原图形数据却是非常大的，如果在数据视图中去浏览分析基本是做不到的，这时就需要进行坐标定位操作了，具体操作如下。

①在 ArcMap 工具栏，左键单击【转到 XY】图标⊙ XY，弹出【转到 XY】对话框，选择相应的坐标表示，经纬度(度 分 秒)或公里坐标(米)，如图 5-79所示。

②在【转到 XY】对话框输入相应的坐标，键盘单击回车【Enter】按钮，则对应坐标的点位置在图上高亮闪烁显示。

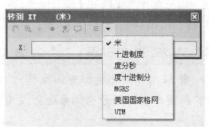

图 5-79 【转到 XY】对话框

③在【转到 XY】对话框，左键单击【添加标注点】图标 ，则对应坐标的点位置在图上以点的形式表现出来，如图 5-80 所示。

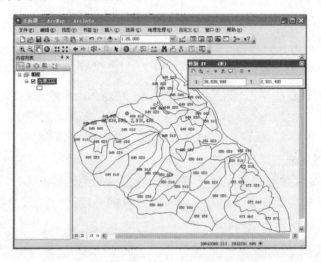

图 5-80　坐标定位结果

● 注意　如果是输入经纬度坐标，则度分秒间用空格隔开。

（2）坐标查询

在实际工作中，我们平常使用的坐标基本为投影坐标系，在状态栏显示的是 XY 坐标值，如 39642241.671　2930000.393 米，可有时候我们却需要某一位置的经纬度坐标，这时就要进行坐标查询的工作，具体操作如下。

①在 ArcMap【内容列表】窗口，右键单击【图层】，弹出下拉菜单，在下拉菜单，左键单击属性，弹出【数据框 属性】对话框，切换到【常规】选项卡，在【显示】下拉列表中选择"度分秒"，如图 5-81 所示。

②左键单击【确定】按钮，则 ArcMap 数据视图中右下角状态栏即显示经纬度坐标，如 118° 25′ 37.676″东　26° 29′ 8.475″北 。

图 5-81　【数据框属性】设置坐标表示

● 注意　如此坐标查询操作之后，只是在数据视图中的状态栏显示变换了的坐标表示，而图形数据的原坐标系统并没有被改变。

项目6 数据检查

为了准确掌握森林资源现状及变化动态，评定森林经营利用效果，编制林业规划、计划和采伐限额，进行森林资源规划设计，每年都要进行森林资源档案更新工作。建档时要严格按照有关建档技术规定要求，在外业调查的基础上，逐个小班认真填报小班变化调查记录卡，数据更新范围包括因采伐、造林更新、林地征占用、灾害等原因产生的变化小班，属于今冬明春造林绿化的小班，要做好基本图图库对应工作。所以森林资源建档工作是进行森林资源经营管理的关键一环，在森林资源经营管理工作中起着基础作用。而应用GIS进行森林资源数据的管理，做好几何数据（图）与属性数据库（库）对应是最重要的工作，在数据汇总之前，都要对数据进行对应检查，本项目即基于此，通过设置三个任务：属性数据库关键字唯一性检查、几何数据与属性数据的一一对应检查、拓扑检查，涵盖林业GIS森林资源数据管理工作的切入点。通过任务的实施完成，实现能够独立进行GIS森林资源数据的图形数据与属性数据的对应检查工作，确保森林资源数据的真实有效可用。

【学习目标】

1. 知识目标

（1）能够掌握数据检查的内容

（2）能够领会各种数据检查方法的原理

2. 技能目标

（1）能够进行基本的数据唯一性、图形数据与属性数据链接的数据检查工作

（2）能够独立进行各种数据检查方法的操作

（3）能够根据不同的错误，灵活选择合适的数据检查方法并进行操作处理

（4）能够领会其他的数据检查方法，具备基于GIS进行森林资源建档工作的数据检查的基本业务素质

任务6.1 属性数据库关键字唯一性检查

【任务描述】

GIS森林资源的图形数据（图）与属性数据（库）连接后，由于数据海量性，不可避免会出现图形数据（图）与属性数据（库）不一一对应的地方，如两个小班号重复，多个小班共用一个小班号等问题，属性数据库关键字唯一性检查即是解决此类问题。通过本任务的完成，达到能够领会属性数据库关键字唯一性检查的原理及应用，并灵活应用于生产实际，能够发现数据错误并进行检查修改。

【知识准备】

属性数据库关键字唯一性检查，是指对于图形数据有重复性的检查，即在林业实际生

产中，不可避免会出现不相邻小班混成为一个地块小班，或者多个小班共用一条记录等情况，属性数据库关键字唯一性检查即针对此类情况设置处理。一般包括删除字段、拆分多部分要素、属性表汇总唯一性检查等内容，而在实际生产中，不一定完全按照删除字段→拆分多部分要素→属性表汇总唯一性检查等步骤进行，可以根据实际情况选择其中一步或者几步。

【任务实施】

6.1.1 删除字段

（1）启动 ArcGIS，左键【ArcToolbox】图标 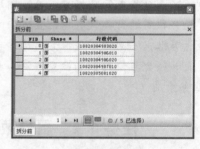，调出【ArcToolbox】窗口菜单。

（2）在【ArcToolbox】窗口菜单栏，左键双击【数据管理工具】→【字段】→【删除字段】命令，打开【删除字段】对话框。

（3）填写【删除字段】对话框，如图 6-1 所示。

①单击【输入表】图标，浏览路径，查找文件，添加数据（如位于"…\ project6 \ 属性数据库关键字唯一性检查 \ data \ 拆分前 . shp"）。

②在【删除字段】列表，单击【全选】按钮，不勾选行政代码。

（4）单击【确定】按钮，执行删除字段操作，获取的属性表如图 6-2 所示。删除字段后的属性表比删除字段前的属性表更加简洁，有利于各个属性数据库的相互连接或者其他检查编辑等操作。

图 6-1　填写【删除字段】对话框　　　　图 6-2　删除字段后的属性表

6.1.2 拆分多部分要素

（1）启动 ArcGIS，右键单击图标，浏览路径，查找文件，添加数据（如位于"…\ project6 \ 属性数据库关键字唯一性检查 \ data \ 拆分前 . shp"）。

● 注意　此处的数据是删除字段后的图层数据。

（2）在 ArcMap 菜单栏，左键单击【自定义】→【工具条】→【编辑器】命令，加载【编辑器】工具。在【编辑器】菜单，左键单击【编辑器】→【开始编辑】，浏览选择图层数据，查找重复共用小班号的小班地块。

(3)左键单击【编辑器】→【更多编辑工具】→【高级编辑】命令，加载【高级编辑】工具。

(4)选中全部图层小班数据，激活【高级编辑】工具条，左键单击【拆分多部分要素】图标 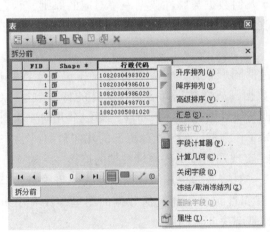，则重复共用小班号的小班地块被拆分。

(5)左键单击【编辑器】→【停止编辑】→【保存编辑内容】，则保存被修改的图层数据。

6.1.3 属性表汇总唯一性检查

(1)右键单击图层数据名称"拆分前.shp"，弹出下拉菜单并左键单击【打开属性表】，打开图层对应的属性表。

(2)在【表】中，右键单击字段"行政代码"，弹出下拉菜单并左键单击【汇总】，打开【汇总】对话框，如图 6-3 所示。

(3)填写【汇总】对话框，如图 6-4 所示。在【选择要汇总的字段】下拉列表选择：行政代码，在【指定输出表】栏，左键单击【浏览】图标 ，弹出【保存数据】对话框，选择路径，键入文件名称，选择文件数据保存类型（如位于"…\ project6 \ 属性数据库关键字唯一性检查 \ result \ 关键字汇总 . dbf"）。

图 6-3 关键字汇总

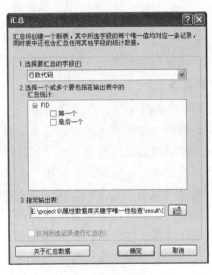

图 6-4 【汇总】对话框设置

● 注意 此处在保存数据时，【保存类型】选择 dBASE 表。

(4)单击【确定】按钮，执行汇总，保存表。

(5)汇总完成后，系统弹出【汇总已完成】对话框，询问是否把结果添加到当前图层中，单击【是】按钮，在地图中添加结果表。

(6)在【内容列表】框中右键单击"关键字汇总"名称，弹出下拉菜单，左键单击选择【打开】，打开【表】，查找具有重复小班号的小班。如图 6-5 所示，在"Count-行政代码"字段列，查看每一条记录，如果其"Count-行政代码"字段列的数值大于 1，则表明该小班号被 2 个或者多个小班重复利用，重复的小班数即为字段内的数值。

● 注意 如果数据量比较大，可以选中"Count-行政代码"字段列，进行【降序】或【排序】操作，利于错误小班的查找（图6-6）。

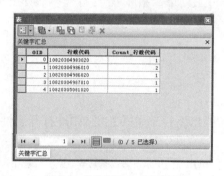

图6-5 "关键字汇总"的表

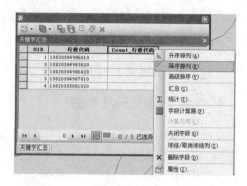

图6-6 字段的升序或降序排列

任务6.2 几何数据与属性数据的一一对应检查

【任务描述】

本任务设置两方面内容：具有几何数据没有属性数据检查、具有属性数据没有几何数据检查。通过本任务的完成，能够理解 GIS 几何数据与属性数据一一对应的原则，领会其应用，能够进行两者一一对应的检查及修改工作，并灵活应用于生产实际。

【知识准备】

GIS 的数据存储，空间数据库，不仅包括图形数据，即几何数据。还包括属性数据，几何数据即与地理实体的空间分布有关的数据，属性数据即各地理实体的特征数据。GIS 强大的海量数据处理能力，在于其几何数据与属性数据的一一对应，即一个几何要素对应一条属性记录。在实际的工作中，为了提高工作效率，GIS 森林资源的几何数据（图）与属性数据（库）是分别建立的，两者进行连接，实现几何数据与属性数据的连接一一对应。由于数据海量性，不可避免会出现两者不能一一对应，如在几何数据里存在小班图斑，但属性表里却没有属性记录；在属性数据库里有属性记录，而几何数据的图里却没有小班图斑。几何数据与属性数据的一一对应检查即是解决此类问题。

【任务实施】

6.2.1 具有几何数据没有属性数据检查

在林业 GIS 数据处理工作中，具有几何数据没有属性数据检查，是指小班矢量图上存在小班，但却没有属性记录，即在"森林资源监测管理系统"数据库中找不到此小班的记录。所以此类检查即是找寻"矢量图存在而属性数据库不存在"的小班。

（1）启动 ArcMap，查找路径，浏览文件，加载图层数据（如位于"… \ project6 \ 几何数据与属性数据的一一对应检查 \ data \ 有图无库 \ 源表.shp"），如图6-7所示。

● 注意 图层数据在进行连接检查操作前，为了便于处理，其属性数据库要进行删除字段处理，只保留进行连接操作的基础字段，具体操作参考"任务6.1 属性数据库关

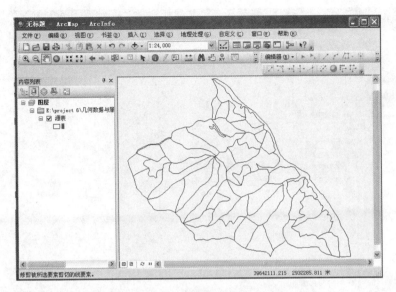

图6-7 加载要检查的图层数据"源表.shp"

键字唯一性检查：6.1.1 删除字段"，本任务中图层数据进行删除字段操作后的属性表，如图6-8所示。

FID	Shape *	序号	行政代码1
0	面	1	10820304900000
1	面	2	10820304981010
2	面	3	10820304981020
3	面	4	10820304981030
4	面	5	10820304981040
5	面	6	10820304982010
6	面	7	10820304982020
7	面	8	10820304982030
8	面	9	10820304982040
9	面	10	10820304982050
10	面	11	10820304983010

图6-8 删除字段操作后的属性表

（2）鼠标左键单击选中图层名称"源表.shp"，右键单击弹出下拉菜单，左键单击选择【连接和关联】→【连接】命令，打开【连接数据】对话框，如图6-9所示。

（3）填写【连接数据】对话框，如图6-10所示。

①在【要将哪些内容连接到该图层】下拉列表选择：表的连接属性。

②在【选择该图层中连接将基于的字段】下拉列表中选择：行政代码1。

●注意 本任务中，【选择该图层中连接将基于的字段】选择行政代码1，在实际应用时，可根据要求选择对应的字段，如小班编号等。

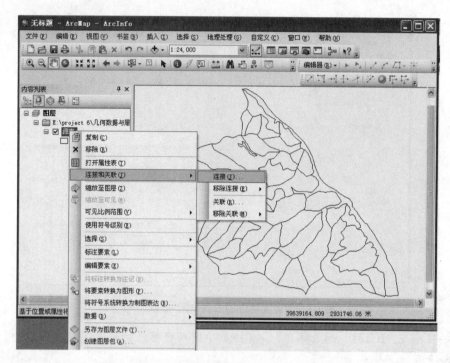

图 6-9　打开【连接数据】对话框操作

③在【选择要连接到此图层的表，或者从磁盘加载表】中，左键单击【浏览】图标 [图标] 查找路径，浏览文件，选择加载"联接表"（如位于"…\ project6 \ 几何数据与属性数据的一一对应检查 \ data \ 有图无库 \ 联接表 . dbf"）。

● 注意　在【选择要连接到此图层的表，或者从磁盘加载表】中，此处要加载的表格必须是" * . dbf"格式的数据库文件。

④在【选择此表中要作为连接基础的字段】下拉列表中选择：行政代码 - 。

● 注意　在【选择此表中要作为连接基础的字段】中，此处的字段内容要与【选择该图层中连接将基于的字段】中的一致。

⑤确定【连接选项】，选择【保留所有记录】。

⑥单击【确定】按钮，执行【连接】操作。

（4）连接完成后，鼠标右键单击要检查的数据图层名称"源表 . shp"，弹出下拉菜单并左键单击选择【打开属性表】，获取连接后的属性表，如图 6-11 所示。

（5）分析连接后的属性表，则连接字段"行政代码"后面显示为空的小班，其只有矢量图斑，而没有属性记录（图 6-11）。

● 注意　连接完成后，打开属性表，连接后的表中会有两个行政代码字段，一个来源于原矢量图属性数据库；另一个是连接时产生的。如果数据量很大时，选择后者按【升序排列】，如图 6-12 所示，有利于后续属性数据库的编辑修改。

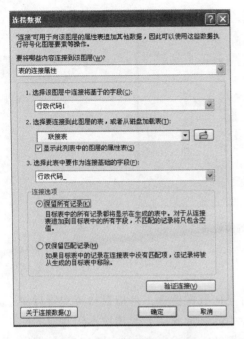

图 6-10 填写【连接数据】对话框

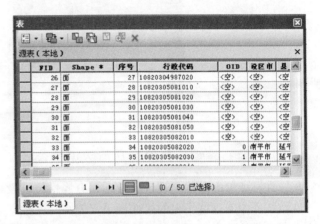

图 6-11 连接后图层数据"源表.shp"的属性表

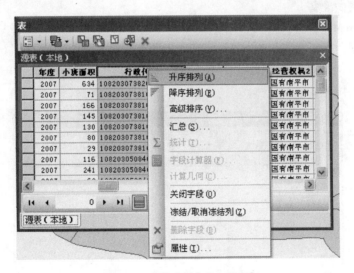

图 6-12 连接表的【升序排列】

升序排列后，连接不上的字段则显示为空，即为只有矢量图斑而无属性记录的小班，如图 6-13 所示。

图 6-13　【升序排列】后的属性表

6.2.2　具有属性记录没有几何数据检查

在林业 GIS 数据处理工作中，只有属性记录没有几何数据检查，是指森林资源管理属性数据库中有这些小班的属性记录，但在几何数据库中的矢量图层上，却找不到对应的图斑。这类检查即是把这些只有属性记录而没有几何数据的小班找出来，为后期在矢量图层上添加小班图斑做准备。

（1）启动 ArcMap，查找路径，浏览文件，加载图层数据（如位于"…\project6\几何数据与属性数据的一一对应检查\data\有库无图\联接表.dbf"），如图 6-14 所示。

● 注意　此处加载的是要进行连接操作的属性数据库文件*.dbf，dBASE 表，不是原小班图形数据文件*.shp。

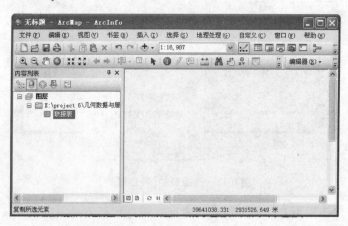

图 6-14　加载要进行检查的森林资源属性数据库"联接表.dbf"

（2）鼠标右键单击选中"联接表.dbf"名称，弹出下拉菜单，左键单击选择【连接和关联】→【连接】，打开【连接数据】对话框，如图 6-15 所示。

（3）填写【连接数据】对话框，如图 6-16 所示。

①在【要将哪些内容连接到该图层】下拉列表选择：表的连接属性。

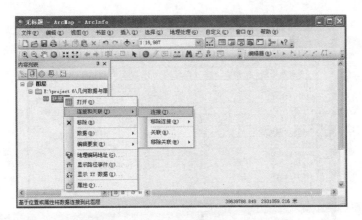

图6-15 打开【连接数据】对话框操作

②在【选择该图层中连接将基于的字段】中选择：行政代码－。

● **注意** 本任务中，【选择该图层中连接将基于的字段】选择行政代码1，在实际应用时，可根据要求选择对应的字段，如小班编号等。

③在【选择要连接到此图层的表，或者从磁盘加载表】中，左键单击【浏览】图标查找路径，浏览文件，选择加载"源表.shp"（如位于"…\project6\几何数据与属性数据的一一对应检查\data\有库无图\源表.shp"）。

● **注意** 在【选择要连接到此图层的表，或者从磁盘加载表】中，此处要加载的表格是要进行检查的原小班图形数据的属性表，在加载时添加原小班的图形数据"*.shp"文件即可。此处选择加载的数据表是要进行连接的矢量文件.shp，此矢量文件的属性表也要进行删除字段，具体操作参考"任务6.1 属性数据库关键字唯一性检查：6.1.1删除字段"，只保留要进行表连接的基于字段。

④在【选择此表中要作为连接基础的字段】下拉列表中选择：行政代码1。

⑤确定【连接选项】，选择【保留所有记录】。

⑥单击【确定】按钮，执行【连接】操作。

（4）连接完成后，鼠标右键单击要检查的属性表名称"属性表"，弹出下拉菜单，左键单击选择【打开】，获取连接后的属性表。

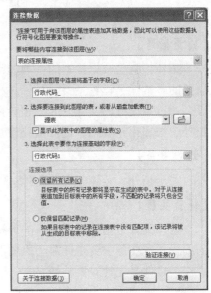

图6-16 填写【连接数据】对话框

（5）浏览分析连接后的属性表，连接不上显示为空的小班，则为只有属性记录而没有矢量图层，如图6-17所示。

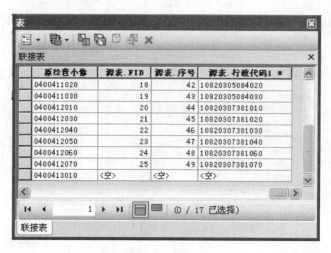

图 6-17　连接后的属性表

● 注意　基于字段连接后的属性表，有两部分组成，一部分为原先的数据库；一部分为连接而来的数据库，这两部分数据库没有交叉混合在一起，所以当数据量较大时，根据需要选择小班编号或行政代码，进行降序或升序排列，利于问题小班的查找与编辑修改。

任务 6.3　拓扑检查

【任务描述】

拓扑检查是数据检查的一项非常重要的内容，对于森林资源空间数据库的建立是非常重要的。本任务设置主要就是针对小班图形编辑中常见的问题，如小班有缝隙、小班重叠等，通过本任务的实施完成，领会拓扑构建及应用，掌握拓扑检查的主要内容，学会创建拓扑、添加拓扑规则、进行拓扑检查并能独立进行操作，灵活应用于生产实际。

【知识准备】

关于拓扑，具体参考"任务 5.3　拓扑错误编辑：知识准备"，在此不再赘述。

【任务实施】

拓扑检查是拓扑错误编辑的前提准备工作，只有拓扑检查完成后，才能进行拓扑错误的编辑，本任务主要是针对小班图形编辑中常见的小班有缝隙、小班重叠等问题进行检查工作，也就是先针对要检查的数据先建立拓扑，而后添加拓扑规则进行检查，具体参考"任务 5.3　拓扑错误编辑"，在此不再赘述。

项目7 林业 GIS 空间数据图层处理

在森林资源 GIS 数据处理工作中，经常用到图层数据的处理。如进行若干个乡镇或村的小班图层数据的合并；提取林班界、村界等边界线；提取某一区域(县、乡、村)或某一林班的图层数据；由于林地占用等因素，要提取图层数据的某块区域、分发某一区域的森林资源 GIS 数据等。所有这些问题，都是在日常的森林资源 GIS 数据处理工作中，经常碰到并需要解决的，此时就需要进行数据的图层处理工作。本项目基于此，设置数据合并、数据融合、数据裁剪与拼接、数据筛选、数据分割五个任务，通过任务的完成，能够熟悉林业 GIS 数据图层处理的基本内容，能够独立进行数据合并、数据融合、数据裁剪与拼接、数据筛选、数据分割操作，并深刻领会各种数据处理方法的原理及应用。在此基础上，拓展领会其他各种数据图层处理方法，能够根据需要，灵活选择并综合运用合适的数据图层处理方法，进行森林资源 GIS 数据图层的处理及管理工作。

【学习目标】

1. 知识目标

(1)能够掌握林业 GIS 空间数据图层处理的基本内容

(2)能够领会各种数据处理方法的原理

(3)能够熟悉各种数据图层处理方法的基本应用

(4)能够领会其他各种数据图层处理方法的原理

2. 技能目标

(1)能够熟悉 ArcGIS 操作

(2)能够进行基本的数据合并、数据融合、数据裁剪与拼接、数据筛选、数据分割操作

(3)能够综合运用各种数据图层处理方法，并能独立操作运用

(4)能够根据不同的情况，灵活选择合适的数据图层处理方法并进行操作处理

(5)基于基本的数据图层处理方法，能够拓展并领会其他的数据图层处理方法并进行操作，具备基于 GIS 进行森林资源图层数据处理工作的基本业务素质

任务7.1 数据合并

【任务描述】

数据合并是 GIS 数据图层处理工作中经常用到的一种数据图层处理方式，本任务要求完成三个林班图层的合并工作。通过任务实施，达到熟悉 ArcGIS 的操作，理解数据合并的基本原理并领会其应用，能够独立进行数据合并操作，并灵活运用于生产实际。

【知识准备】

合并是将数据类型相同的多个输入数据集合并为新的单个输出数据集，这些输入的数据集可以为点、线或面要素类或者是表，但是对于栅格数据集不适用。所有输入数据集的类型必须相同，输出数据集的类型与输入数据集的类型一致，输入数据集中的所有要素在输出数据集中也保持不变。在合并要素类时，如果没有设置输出坐标系，则输出数据集将使用输入数据集列表中第一个要素类的坐标系。使用追加工具还可以将输入数据集合并到现有数据集。

在林业生产中，数据合并经常用于将多个处于同等层次的要素类图层合并成一个新的要素类图层。例如，在生产实际中，为了资源数据的整合汇总工作，将几个县、几个乡镇、几个村或几个林班图层的合并等。

【任务实施】

（1）启动 ArcMap，调出【合并】对话框。

①方法一：鼠标左键单击【地理处理】→【合并】命令，调出【合并】对话框。

②方法二：启动 ArcMap，在工具栏，鼠标左键单击 ArcToolbox 图标，调出 Arc-Toolbox 菜单，在 ArcToolbox 菜单栏，鼠标左键单击【Spatial Analyst 工具】→【局部】→【合并】命令，鼠标左键双击或右键单击【合并】命令，打开【合并】对话框。

（2）逐步填写【合并】对话框，如图 7-1 所示。

图 7-1　填写【合并】对话框　　　　图 7-2　【输出数据集】对话框

①确定要进行合并的图层文件，左键单击【输入数据集】图标，在【输入数据集】对话框中，查找路径（如位于"… \ project7 \ 数据合并 \ data），浏览要素类文件，选择要进行合并的图层文件（如 73 林班 . shp，50 林班 . shp，49 林班 . shp），添加到列表框中。

● **注意**　在【合并】对话框中，输入文件的显示类型选择：要素类。

在【合并】对话框中，鼠标单击选中一个或多个已经添加到列表框中的数据集文件，单击▲图标，可以进行删除操作，单击✖图标，可以进行向上移动操作，单击▼图标，可以进行向下移动操作。

②确定要输出的图层文件，鼠标左键单击【输出数据集】图标，在【输出数据集】对话框中，指定保存路径（如位于"… \ project7 \ 数据合并 \ result），确定文件名称（如"林

班合并. shp")。

● 注意　在【输出数据集】对话框中，输出文件的保存类型选择：要素类，如图 7-2 所示。

（3）鼠标左键单击【确定】按钮，执行【合并】操作，获取新生成的要素类图层文件"林班合并. shp"，如图 7-3 所示。

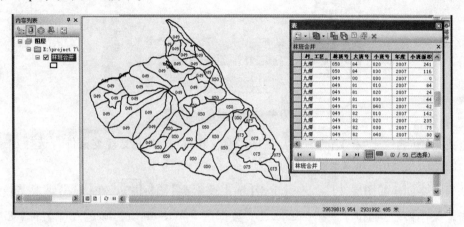

图 7-3　【合并】获取的林班合并图(. shp)

任务 7.2　数据融合

【任务描述】

数据融合是 GIS 数据图层处理工作中经常用到的一种数据图层处理方式，本任务基于某工区森林资源小班图层数据(如九潭工区. shp)，要求完成三个林班的边界提取工作。通过本任务的完成，熟悉 ArcGIS 的操作，理解数据融合的基本原理并领会其应用，能够独立进行数据融合操作，并灵活运用于生产实际。

【知识准备】

融合，是指基于指定的属性聚合要素，此处的属性可以是一个或多个指定的属性。在融合操作中，输入要素指要进行聚合的要素，输出要素类指要生成的将包含聚合要素的要素类，融合可在输出要素类中创建超大型要素，在融合过程中，可使用各种统计对已通过融合而聚合的要素的属性进行汇总或描述。融合字段是进行融合操作的指定字段，其将具有相同值组合的要素聚合(融合)为单个要素，同时融合字段也会被写入输出要素类。

在林业生产实际中，融合经常用于对图层界限的处理，如提取县界、乡镇界、村界、林班界或大班界线等。

【任务实施】

（1）启动 ArcMap，鼠标左键单击【地理处理】菜单→【融合】命令，调出【融合】对话框。

（2）填写【融合】对话框，如图 7-4 所示。

①确定要进行融合的图层文件，左键单击【输入要素】图标，在【输入要素】对话框

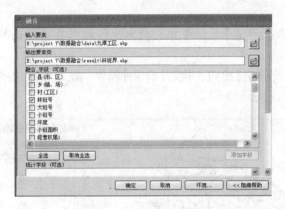

图 7-4　填写【融合】对话框

中，查找路径（如位于"…\project7\数据融合\data"），浏览要素类文件，选择加载要进行融合的图层文件（如九潭工区.shp）。

②确定要创建的图层文件，左键单击【输出要素类】图标，在【输出要素类】对话框中，指定保存路径（如位于"…\project7\数据融合\result"），确定文件名称（如"林班界.shp"）。

③确定融合字段，在【融合_字段（可选）】中，选择要基于融合的字段：林班号。

④鼠标左键单击【确定】按钮，执行融合操作，获取融合结果图，如图 7-5 所示。

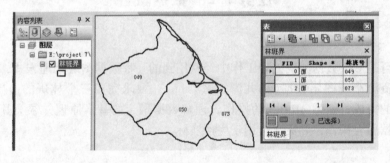

图 7-5　融合结果图（林班界.shp）

● 注意　在确定融合字段时，可以根据需要选择合适的融合字段，同时融合字段也会被写入输出要素类，如图 7-5 所示。

在融合过程中，还可使用各种统计对已通过融合而聚合的要素的属性进行汇总或描述，在【融合】对话框中，【统计字段（可选）】即指用于对属性进行汇总的字段和统计。

任务 7.3　数据裁剪

【任务描述】

数据裁剪是林业 GIS 数据图层处理工作中经常用到的一种数据图层处理方式，本任务要求完成图层文件（包括矢量数据和栅格数据）的裁剪工作。通过本任务的完成，熟悉 Arc-

GIS 的操作，理解数据裁剪的基本原理并领会其应用，能够独立进行数据裁剪操作，并灵活运用于生产实际。

【知识准备】

矢量数据裁剪，是指提取与裁剪要素相叠加的输入要素，是基于指定的裁剪要素，从某一要素提取出所感兴趣的研究区，即创建一个新的兴趣要素。输入要素指要进行裁剪的要素。裁剪要素指用于裁剪输入要素的要素，即"感兴趣区域或模具"，其可以为一个或多个要素，但其数据集必须是面。输出要素为要创建的要素类，即经过裁剪操作而生成的新要素类，输出要素类将包含输入要素的所有属性。

在林业生产中，矢量数据裁剪经常用于如下工作：由于征用、占用林地或自然灾害等因素，要提取某区域的小班图层，这时就用所感兴趣的面状边界，去叠加原先的森林小班基本图，裁剪出所感兴趣的小班图层，其分布的小班可能是完整的小班，也可能是部分不完整的小班。对于矢量数据小班图层，还有一种情况是从原图层小班中剔除所裁剪部分数据图层。栅格数据裁剪也经常用于对感兴趣区域的地形图或遥感影像的裁剪。

【任务实施】

7.3.1 矢量数据裁剪

（1）获取感兴趣区域数据裁剪

①启动 ArcMap，调出【裁剪】对话框。

a. 方法一：启动 ArcMap，左键单击【地理处理】菜单→【裁剪】命令，调出【裁剪】对话框。

b. 方法二：启动 ArcMap，在工具栏，左键单击 ArcToolbox 图标，调出 ArcToolbox 菜单，在 ArcToolbox 菜单栏，左键单击【分析工具】→【提取】→【裁剪】命令，左键双击或右键单击【裁剪】命令，打开【裁剪】对话框。

②填写【裁剪】对话框，如图 7-6 所示。

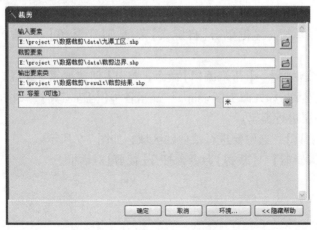

图 7-6 填写【裁剪】对话框

a. 确定要进行裁剪的图层文件，左键单击【输入要素】图标 ▨ ，在【输入要素】对话框中，查找路径(如位于"…\ project7 \ 数据裁剪 \ data")，浏览要素类文件，选择加载要进行裁剪的图层文件(如九潭工区.shp)。

b. 加载裁剪要素，左键单击【裁剪要素】图标 ▨ ，在【裁剪要素】对话框中，查找路径(如位于"…\ project7 \ 数据裁剪 \ data")，浏览要素类文件，选择加载基于的裁剪图层文件(如裁剪边界.shp)。

c. 确定要创建的图层文件，左键单击【输出要素类】图标 ▨ ，在【输出要素类】对话框中，指定保存路径(如位于"…\ project7 \ 数据裁剪 \ result")，确定文件名称(如裁剪结果.shp)。

d. 左键单击【确定】按钮，执行裁剪操作，获取裁剪结果图，如图7-7所示。

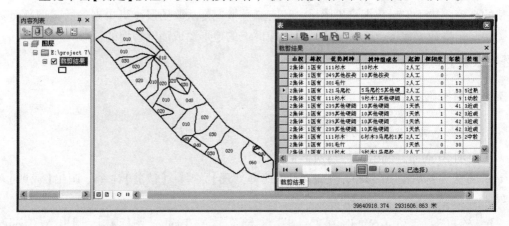

图7-7　裁剪结果图

(2)剔除感兴趣区域数据裁剪

①启动 ArcMap，查找路径(如位于"…\ project7 \ 数据裁剪 \ data")，加载要进行裁剪的矢量数据图层文件(如九潭工区.shp)。

②在 ArcMap 菜单栏，左键单击【自定义】菜单→【工具条】→【编辑器】，打开【编辑器】工具。

③左键单击【编辑器】→【开始编辑】命令，打开【创建要素】窗口，在【创建要素】窗口，左键单击数据名称(如九潭工区.shp)，显示各种【构造工具】，如图7-8所示，表示可以对此矢量数据图层进行编辑。

④利用【构造工具】，选中要进行裁剪的区域，如图7-9所示。

⑤左键单击【编辑器】→【裁剪】命令，打开【裁剪】对话框。

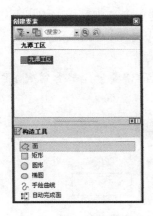 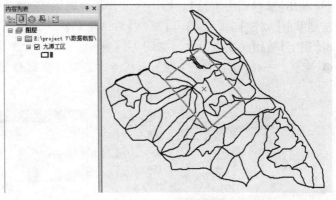

图 7-8 【创建要素】窗口　　　　　　　　图 7-9　选择裁剪区域

⑥设置【裁剪】对话框，如图 7-10 所示。【缓冲距离（B）】：0.000，【裁剪要素时】：保留相交区域（P）表示裁剪后移动裁剪区域，原图中仍保留有裁剪区域图形，如图 7-11 所示；丢弃相交区域（D）表示，裁剪后移动裁剪区域图形数据，原图中裁剪区域为空，不保留有裁剪区域图形数据，如图 7-12 所示。在进行裁剪操作时，可以根据需要选择其一。

图 7-10　【裁剪】对话框

⑦单击【确定】按钮，执行【裁剪】操作。

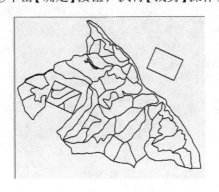 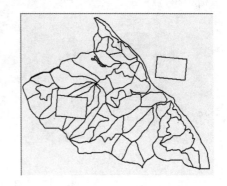

图 7-11　【保留相交区域（P）】裁剪图形　　　图 7-12　【丢弃相交区域（D）】裁剪图形

7.3.2　栅格数据裁剪

（1）启动 ArcMap，查找路径（如位于"…\ project7 \ 数据裁剪 \ data"），加载要进行裁剪的栅格数据图层文件（地形图 . tif）。

（2）在 ArcMap 菜单栏，左键单击【自定义】菜单栏→【工具条】→【绘图】命令，打开【绘图】工具。

（3）左键单击选择图形工具图标 ，弹出下拉菜单（图 7-13），根据需要选择合适的工具。

(4)利用【选择图形工具】，选中要进行裁剪的区域，右键单击选中区域，弹出下拉菜单，左键单击【属性】命令，打开【属性】对话框，根据需要对【属性】对话框进行设置，最后单击【确定】按钮，完成设置，如图 7-14 所示。

● 注意　一般【填充颜色】为无颜色，这是选择区域设置的需要，能够看到底图图形内容。

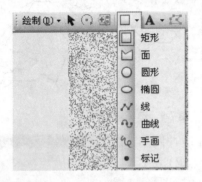 

图 7-13　【选择图形工具】　　　　**图 7-14**　【属性对话框】

(5)左键单击选中裁剪区域，在【内容列表】窗口单击图层名称(地形图 . tif)，弹出下拉菜单，选择【数据】→【导出数据】命令[图 7-15(a)]，打开【导出栅格数据】对话框。

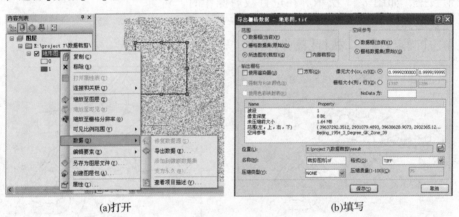

(a)打开　　　　　　　　　　　　(b)填写

图 7-15　【导出栅格数据】对话框

(6)填写【导出栅格数据】对话框[图 7-15(b)]，单击【位置】图标，查找路径，确定裁剪图形【位置】(如位于…\ project 7\ 数据裁剪 \ result)；键入【名称】：裁剪图形；选择【图形格式(O)】：TIFF；其他【范围】、【空间参考】等设置采用系统默认。

● 注意　此处确定裁剪图形【位置】时，在弹出的【选择工作空间】对话框中，要选择一个已建好或者新建的文件夹，保存裁剪的图形文件，而不是键入文件名称，如图 7-16所示。

(7)单击【保存】按钮，执行裁剪操作，在【输出栅格】对话框中，单击【是】按钮，将裁剪的区域图形添加到地图中，如图 7-17 所示。

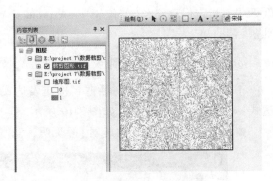

图 7-16 【选择工作空间】   图 7-17 获取的裁剪区域图形

任务 7.4 数据筛选

【任务描述】

数据筛选是林业 GIS 数据图层处理工作中经常用到的一种数据图层处理方式，本任务基于某工区森林资源小班图层数据，要求完成一个林班图层数据的筛选提取工作。通过本任务的完成，熟悉 ArcGIS 的操作，理解数据筛选的基本原理并领会其应用，能够独立进行数据筛选操作，并灵活运用于生产实际。

【知识准备】

筛选，是指从输入要素类或输入要素图层中，基于一定的条件，提取能够满足指定条件的要素（通常使用选择或结构化查询语言［SQL］表达式），并将其存储于输出要素类中。输入要素指要基于其进行要素选择的输入要素类或图层。输出要素类指要创建的输出要素类，如果不指定任何条件，不使用任何表达式，则其仅将所选要素写入到输出要素类，其中将包含所有输入要素；如果指定条件，输入了表达式，则仅对所选要素执行表达式，并将所选集合中基于表达式的子集写入到输出要素类。对于表达式的选择，可以使用查询构建器构建，也可直接输入，其表达式的语法会因数据源的不同而稍有不同。

在林业生产中，数据筛选经常用于提取某县、镇、村、林班、大班等的数据，创建所需要的新图层数据。

【任务实施】

（1）启动 ArcMap，在工具栏，左键单击 ArcToolbox，调出 ArcToolbox 菜单，在 Arc-Toolbox 菜单栏，左键单击【分析工具】→【提取】→【筛选】命令，左键双击或右键单击【筛选】命令，打开【筛选】对话框。

（2）填写【筛选】对话框，如图 7-18 所示。

①确定要进行筛选的图层文件，左键单击【输入要素】图标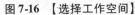，在【输入要素】对话框中，查找路径（如位于"… \ project7 \ 数据筛选 \ data"），浏览要素类文件，选择加载要进行筛选的数据图层文件（如九潭工区 . shp）。

②确定要创建的数据图层文件，左键单击【输出要素类】图标，在【输出要素类】对

话框中，指定保存路径(如位于"… \ project7 \ 数据裁剪 \ result")，确定文件名称(如49林班.shp)。

③指定条件，左键单击【表达式(可选)】图标 ▦ᵴᑫᒪ，打开【查询构建器】对话框。

④填写【查询构建器】对话框，构建表达式。如提取林班号为49的数据图层，构建表达式："林班号"="049"，如图7-19所示。

● **注意** 关于【查询构建器】的说明注意事项详见"任务5.5 空间数据查询"。

图7-18 【筛选】对话框   图7-19 【查询构建器】对话框

(3)左键单击【确定】按钮，获取满足指定条件的数据图层文件，如图7-20所示。

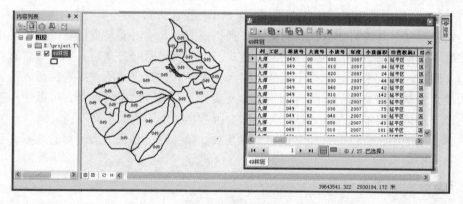

图7-20 筛选结果示意(49林班.shp)

任务7.5 数据分割

【任务描述】

数据分割是林业 GIS 数据图层处理工作中经常用到的一种数据图层处理方式，本任务基于某工区森林资源小班数据，要求完成三个林班的分割提取工作。通过本任务的完成，熟悉 ArcGIS 的操作，理解数据分割的基本原理并领会其应用，能够独立进行数据筛选操作，并灵活运用于生产实际。

【知识准备】

分割，是指基于分割字段，由输入要素创建形成多个由输出要素类构成的子集。输入要素指要进行分割的要素。分割要素指包含表格字段的要素，其中表格字段的唯一值用于分割输入要素并提供输出要素类的名称，分割要素数据集必须是面。

分割字段实质来源于分割要素的属性表，是用于分割输入要素的字符字段，其唯一值必须以有效字符开头并提供输出要素类的名称，此字段值可标识用于创建每个输出要素类的"分割要素"。

输出要素类的范围为输入要素与分割要素的叠加部分，其总数等于唯一分割字段值的数量，每个输出要素类的要素属性表所包含的字段与输入要素属性表中的字段相同。目标工作空间是存储输出要素类的工作空间，在进行分割输出要素类之前必须存在。

分割与筛选原理有点类似，都是基于分割字段或表达式对输入要素类进行处理并输出要素，获取所需要的图层数据，但是分割获取的是由多个输出要素类构成的子集，即一次提取多个基于分割字段的所需的图层文件，而筛选只能获取单个要素类，即单个图层文件。

在林业生产中，数据分割经常用于数据的分发工作，如由某县的森林资源数据提取分割出各乡镇的数据、一个林场的数据分割提取出各工区的森林资源数据或者一个工区分割提取出各林班的森林资源数据，从而实现各数据的分发工作。不过在这之前，要首先对分割数据进行融合，获取各乡镇、各工区或者各林班的边界图层文件，即所谓分割字段，进而才能实现数据分割。

【任务实施】

(1)启动 ArcMap，在工具栏，左键单击 ArcToolbox，调出 ArcToolbox 菜单，在 ArcToolbox 菜单栏，左键单击【分析工具】→【提取】→【分割】命令，左键双击或右键单击【分割】命令，打开【分割】对话框。

(2)填写【分割】对话框，如图 7-21 所示。

①确定要进行分割的图层文件，左键单击【输入要素】图标 📇，在【输入要素】对话框中，查找路径(如位于"… \ project7 \ 数据分割 \ data")，浏览要素类文件，选择加载要进行筛选的数据图层文件(如九潭工区.shp)。

②确定要基于分割的的数据图层文件，左键单击【分割要素】图标 📇，在【分割要素】对话框中，查找路径(如位于"… \ project7 \ 数据分割 \ data")，选择加载要基于分割的数据图层文件(林班.shp)。

③确定分割字段，左键单击【分割字段】下拉框，选择林班号作为【分割字段】。

④指定目标工作空间，左键单击【目标工作空间】图标 📇，弹出【目标工作空间】对话框，查找路径，选择合适的文件夹作为目标工作空间存储输出要素类的子集，即各林班(如位于"… \ project7 \ 数据分割 \ result")。

● **注意** 此处确定【目标工作空间】，是在【目标工作空间】对话框中选择一个已建好或者新建的文件夹，保存分割提取的图层数据文件，而不是键入文件名称，如图 7-22 所示。

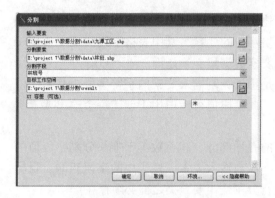

图 7-21　填写【分割】对话框　　　　图 7-22　【目标工作空间】对话框

⑤左键单击【确定】按钮，获取各林班图层数据，如图 7-23 所示。

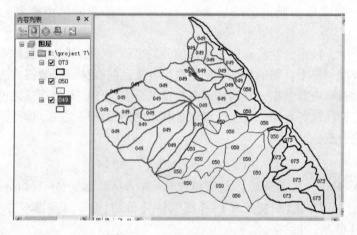

图 7-23　分割获取的各林班图

项目 8　林业 GIS 数据空间分析

空间分析是 GIS 的核心功能，是 GIS 与其他数据库系统区别的标志。本项目为拓展性的实训项目，设置三个任务，分别为矢量数据的空间分析、栅格数据的空间分析、三维分析。通过任务的实施完成，了解 GIS 数据空间分析的内容，掌握常见的数据空间分析方法，包括缓冲区分析、坡度、坡向分析及二维数据的三维显示等。

学习目标

1. 知识目标

(1)能够掌握缓冲区、坡度及坡向的概念

(2)能够掌握矢量数据的空间分析的内容

(3)能够掌握栅格数据的空间分析

(4)能够熟悉三维分析的内容

(5)能够领会林业 GIS 数据空间分析的内容及应用

2. 技能目标

(1)能够进行缓冲区分析，并灵活应用于林业生产实际

(2)能够根据生产实际，进行坡度与坡向分析，解决实际生产问题

(3)能够进行二维数据的三维显示，改善地理信息的可视化效果

(4)能够领会林业 GIS 数据空间分析的内容及应用，根据不同的情况，灵活选择合适的空间分析工具解决复杂的实际问题，具备基于 GIS 进行林业数据空间分析的基本业务素质

任务8.1　矢量数据的空间分析

【任务描述】

矢量数据空间分析的数据形式基于点、线、面，本任务提供面图层数据(林班界.shp)，要求基于缓冲区导和缓冲区工具建立缓冲区，通过任务的实施完成，掌握常见的缓冲区建立方法，并能灵活应用于生产实际，解决实际生产问题。

【知识准备】

(1)空间信息分析的一般过程

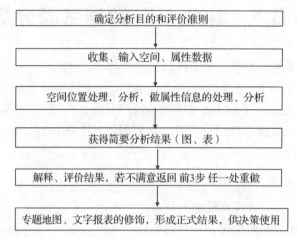

(2)矢量数据空间分析的主要内容

矢量数据空间分析主要包括:

①查询检索　拓扑查询、位置查询、属性查询、区域查询。

②形态分析　面积量算、距离量算、质心计算、周长量算。

③叠置分析　视觉信息复合、条件叠置、无条件叠置。

④邻域分析　缓冲区分析、泰森多边形分析、插值拟合分析。

⑤网络分析　最短或最佳路经分析、空间规划。

(3)缓冲区分析

缓冲区分析,是指对一组或一类地图要素(点、线或面)按设定的距离条件,围绕这组要素而形成具有一定范围的多边形实体,从而实现数据在二维空间扩展的信息分析方法。

从数据的角度看,缓冲区是指给定空间对象的邻域,通常用邻近度(proximity)描述地理空间中两个地物距离相近的程度。即基于对点、线或面等因素,按指定的条件,在其周围建立一定空间区域作为分析对象,该区域称缓冲区。缓冲区实际上是独立的多边区域,其形态和位置与原来因素有关。

缓冲区,是指地理目标或工程规划的范围,如水库淹没范围、街道拓宽的范围、放射源影响的范围。缓冲区分析是解决邻近度问题的分析工具,也是 GIS 中基本的空间分析工具。如确定公共设施的服务半径,确定交通线及河流周围的特殊区域。在林业生产实际中,常用于林区道路缓冲区分析、森林病虫害监测点缓冲区分析等。

【任务实施】

对于缓冲区的建立,ArcGIS 系统提供了两种方式:一种是用缓冲区向导建立缓冲区;另一种是用缓冲区工具建立缓冲区,数据类型有点、线、面等形式,其建立操作过程是相同的。本任务以面图层数据为例,介绍缓冲区的建立操作过程。

8.1.1 基于【缓冲向导】工具建立缓冲区

（1）添加【缓冲向导】工具

①启动 ArcMap，在 ArcMap 窗口菜单栏，左键单击【自定义】→【自定义模式】命令，打开【自定义】对话框。

②切换到【命令】选项卡，在【类别】列表框中选择【工具】，则相应的工具出现在【命令】列表框中，在【命令】列表框中，左键单击选中【⊩ 缓冲向导】，按住左键，将其拖动到 ArcMap【工具】栏中。

③左键单击【关闭】按钮，则【缓冲向导】工具添加成功。

（2）创建缓冲区

①在 ArcMap【内容列表】窗口，单击【添加】命令，添加数据"林班界 . shp"（如位于 "… \ project8 \ 矢量数据的空间分析 \ data"），并设置【填充颜色】为：无颜色，【轮廓宽度】为：1，【轮廓颜色】为：Black，并编辑轮廓符号为虚线。

②左键单击【工具】栏中【缓冲向导】工具图标⊩，打开【缓冲向导】对话框，如图 8-1 所示。

③在【图层中的要素】下拉列表中，选择"林班界"。

● 注意　如果图层中有选中要素并仅对选中要素进行缓冲区分析，则选中【仅使用所选要素】复选框。

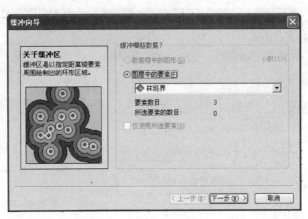

图 8-1　【缓冲向导】对话框

④单击【下一步】按钮，打开【创建缓冲区】对话框，左键单击选择【以指定的距离】，设置距离为 200 米，【缓冲距离】单位为：米，如图 8-2 所示。

● 注意　此处系统提供了三种方式建立缓冲区：

- 【以指定的距离】是以一个给定的距离建立缓冲区（普通缓冲区）。
- 【基于来自属性的距离】是以分析对象的属性值作为权值建立缓冲区（属性权值缓冲区）。
- 【作为多缓冲区圆环】是建立一个给定环个数和间距的分级缓冲区（分级缓冲区）。

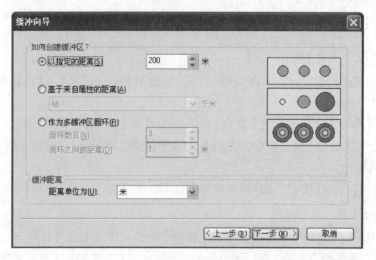

图 8-2 【创建缓冲区】对话框设置

⑤单击【下一步】按钮，则打开【缓冲区输出类型】对话框，如图 8-3 所示。

a. 在【融合缓冲区之间的障碍？】列表，单击选择"是"。

b. 在【创建缓冲区使其】区域，单击选择"位于面的内部和外部"。

c. 在【指定缓冲区的保存位置】区域，单击选择"保存在新图层中"，确定图层名称：林班界缓冲 1，保存位置（如位于"…＼project8＼矢量数据的空间分析＼ result"）。

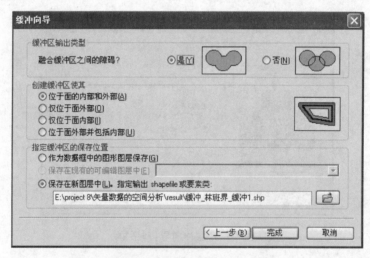

图 8-3 【缓冲区输出类型】对话框

⑥左键单击【完成】按钮，获得缓冲区分析结果，如图 8-4 所示。

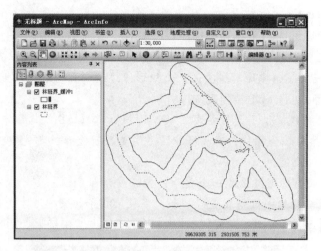

图 8-4　基于【缓冲向导】工具缓冲区分析结果图

8.1.2　基于【缓冲区】工具建立缓冲区

（1）在 ArcMAP 窗口菜单栏，左键单击【地理处理】→【缓冲区】命令，设置【缓冲区】对话框（图 8-5）。

图 8-5　【缓冲区】对话框设置

（2）设置【缓冲区】对话框。

①在【输入要素】列表，选择"林班界"。

②在【输出要素类】列表，确定文件名称："林班界缓冲 2"，保存位置："…\project8 \矢量数据的空间分析\result"。

③在【距离［值或字段］】中，选择【线性单位】按钮，输入值为"100"，单位为"米"。

④在【侧类型（可选）】下拉列表选择：FULL，此为系统默认。

● 注意　此处系统提供了两种方式，FULL 和 OUTSIDE – ONLY。

·FULL 指在线的两侧建立多边形缓冲区，默认情况下为此值。

●OUTSIDE－ONLY 指在线的拓扑外侧建立缓冲区。

⑤在【末端类型(可选)】下拉列表选择：ROUND，系统默认值。

● 注意　此处系统提供了两种方式，ROUND 是指端点处是半圆，系统默认情况下为此值；FLAT 指在线末端创建矩形缓冲区，此矩形短边的中点与线的端点重合。

⑥在【融合类型(可选)】下拉列表选择：NONE。

● 注意　此处系统提供了 3 种方式，NONE、ALL 与 LIST。

●NONE 指不执行融合操作，不管缓冲区之间是否有重合，都完整保留每个要素的缓冲区，默认情况下为此值。

●ALL 指融合所有的缓冲区成一个要素，去除重合部分。

●LIST 指根据给定的字段列表进行融合，字段值相等的缓冲区才进行融合。

(3)左键单击【确定】按钮，完成【缓冲区】创建工作，获得结果如图 8-6 所示。

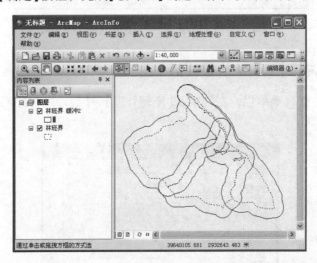

图 8-6　基于【缓冲区】工具建立缓冲区分析结果图

8.1.3　基于缓冲区工具建立多环缓冲区

多环缓冲区，是指在输入要素周围的指定距离内创建多个缓冲区。使用缓冲距离值可随意合并和融合这些缓冲区，以便创建非重叠缓冲区。创建林场界时可应用此方法。

(1)在【ArcToolbox】中，双击【分析工具】→【邻域分析】→【多环缓冲区】命令，打开【多环缓冲区】对话框。

(2)设置【多环缓冲区】对话框，如图 8-7 所示。

①在【输入要素】列表，左键单击【输入要素】按钮图标，添加数据"林班界"，位于"… \ project8 \ 矢量数据的空间分析 \ data"。

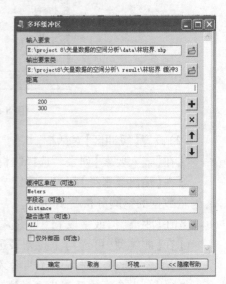

图 8-7　【多环缓冲区】对话框设置

②在【输出要素】列表，确定文件名称："林班界缓冲 3"，保存位置："… \ project8 \ 矢量数据的空间分析 \ result"。

③在【距离】文本框中设置缓冲距离，输入距离后，单击 ➕ 按钮，将其添加到列表中，可多次输入缓冲距离，如 200、300。

④在【缓冲区单位】中选择："Merers"。

⑤在【融合选项（可选）】下拉列表中选择：ALL。

● 注意　此处系统提供了两种方式，ALL 和 NONE。选择 ALL 意味着缓冲区将是输入要素周围不重迭的圆环，默认情况下为此值。选择 NONE 是指缓冲区将是输入要素周围重迭的圆盘。

（3）单击【确定】按钮，则创建多环缓冲区，获取结果，如图 8-8 所示。

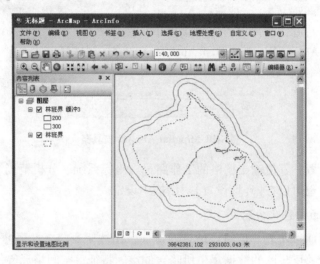

图 8-8　多环缓冲区创建结果图

任务 8.2　栅格数据的空间分析

【任务描述】

栅格数据结构简单、直观，是 GIS 常用的空间基础数据格式。基于 ArcGIS 的栅格数据空间分析主要包括表面分析、邻域分析、重分类、栅格计算等。本任务提供数字高程模型：dem，要求进行坡度、坡向分析及等值线的提取工作，通过任务的实施完成，掌握常见的表面分析方法，能够根据生产实际，灵活选择空间分析方法，解决实际生产问题。

【知识准备】

（1）栅格数据分析的环境设置

在进行栅格数据的空间分析操作之前，首先设置空间分析的环境参数，主要包括加载空间分析模块、为分析结果设置工作路径、坐标系统、分析范围和像元大小等。

①加载空间分析模块 空间分析模块(spatial ana-lyst)是 ArcGIS 外带的扩展模块,安装 ArcGIS 程序时,其自动挂接到 ArcGIS 的应用程序中,但是不能直接应用,只有加载并获得许可,才能应用此模块进行数据的空间分析。

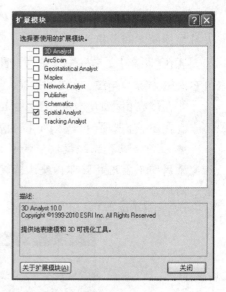

a. 启动 ArcMap,在菜单栏,左键单击【自定义】→【扩展模块】命令,打开【扩展模块】对话框,勾选"Spatial Analyst",如图 8-9 所示。

b. 单击【关闭】按钮,关闭【扩展模块】对话框。

c. 在 ArcMap 菜单栏,左键单击【自定义】→【工具条】→【Spatial Analyst】命令,或者在 ArcMap 菜单栏或者工具栏,单击右键,在弹出的快捷菜单中,左键单击选择【Spatial Analyst】。则 Spatial Analyst 工具条出现在 ArcMap 视图中,如图 8-10 所示。

图 8-9 【扩展模块】对话框

图 8-10 Spatial Analyst 工具条

②其他环境设置 其他输出栅格的工作路径、坐标系统、分析范围和像元大小等,可以选择系统默认,也可以在【环境设置】对话框中设定。

(2)表面分析的内容及功能

表面分析主要通过获取等值线、坡度、坡向、山体阴影等派生数据,生成新数据集,从而获取更多地能够反映原始数据集中所暗含的空间特征、空间格局等信息。基于 ArcGIS 系统提供的表面分析的内容与功能见表 8-1。

表 8-1 基于 ArcGIS 表面分析的内容与功能描述

工具	功能
坡向	获得栅格表面的坡向。坡向用于标识从每个像元到相邻像元方向上值的变化率最大的下坡方向
坡度	判断栅格表面的各像元中的坡度(梯度或 z 值的最大变化率)
曲率	计算栅格表面的曲率,包括剖面曲率和平面曲率
等值线	根据栅格表面创建等值线(等值线图)的线要素类
等值线序列	根据栅格表面创建所选等值线值的要素类
含障碍的等值线	根据栅格表面创建等值线。如果包含障碍要素,则允许在障碍两侧独立生成等值线
填挖方	计算两表面间体积的变化。通常用于执行填挖操作
山体阴影	通过考虑照明源的角度和阴影,根据表面栅格创建晕渲地貌
视点分析	识别从各栅格表面位置进行观察时可见的观察点
视域	确定对一组观察点要素可见的栅格表面位置

【任务实施】

8.2.1　坡向分析

　　地面坡向即坡面的朝向，指地表法线在水平面上的投影坐标的方位角，按方位可粗略地分为南、北、东、西 4 个方向，若细分，可分为南、北、东、西、东南、西南、东北和西北 8 个方向。基于 ArcGIS 进行坡向分析，具体操作如下：

　　（1）在【ArcToolbox】中，双击【Spatial Analyst 工具】→【表面分析】→【🔨坡向】命令，打开【坡向】对话框。

　　（2）设置【坡向】对话框，如图 8-11 所示。

　　①在【坡向】对话框中，单击【添加数据】按钮图标📂，输入栅格数据："dem"，（位于"…\ project 8 \ 坡向分析 \ data"）。

　　②在【输出栅格】中，确定输出栅格文件名称："坡向"，指定文件的保存路径：位于"…\ project 8 \ 坡向分析 \ result"。

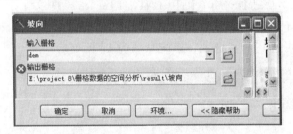

图 8-11　【坡向】分析对话框

　　（3）单击【确定】按钮，完成坡向分析提取工作，结果如图 8-12 所示。

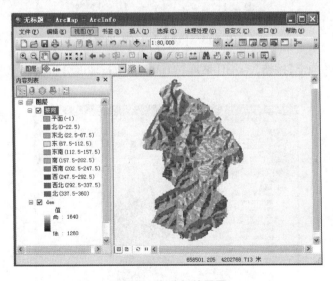

图 8-12　向分析结果图

8.2.2 坡度分析

坡度是描述地形的重要参数之一，地面上给定点的坡度定义为曲面上该点的法矢量与垂直方向间的夹角。坡度表示了地表面在该点的倾斜程度，坡度值越小，表示地形越平坦；坡度值越大，则地形越陡。

（1）在【ArcToolbox】中，双击【Spatial Analyst 工具】→【表面分析】→【✎坡度】，打开【坡度】对话框并进行设置，如图 8-13 所示。

（2）在【坡度】对话框中，在【坡向】对话框中，单击【添加数据】按钮图标📁，输入栅格数据："dem"，（位于"... \ project 8 \ 坡向分析 \ data"）。

（3）在【输出栅格】中，确定输出栅格文件名称："坡度"，指定文件的保存路径：位于"... \ project 8 \ 坡向分析 \ result"。

（4）【输出测量单位】为可选项，选择"DEGREE"

● 注意　此处系统提供了两种方式：DEGREE 和 PERCENT_RISE。其中，DEGREE 指坡度倾角将以度为单位进行计算；PERCENT_RISE 指坡度以百分比形式表示，即高程增量与水平增量之比的百分数。

（5）在【Z 因子（可选）】为可选项，系统默认为 1。

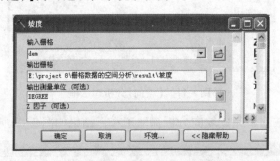

图 8-13　【坡度】对话框设置

（6）左键单击【确定】按钮，关闭【坡度】对话框，执行坡度分析操作，获取结果如图 8-14 所示。

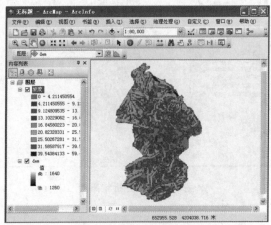

图 8-14　坡度分析结果图

8.2.3 等值线分析

等值线是连接等值点（如高程、温度、降雨量、人口或大气压力）的线。由等值线构成的表示制图对象的数量、特征的地图，称为等值线图。常见的有表现地势起伏和地貌结构的等高线图和等深线图，表现水温、气温、地温变化的等温线图，表现大气降水量变化的等降水量线图等。如果等值线图辅以分层设色，则可提高地图的直观效果。等值线的分布显示表面上值的变化方式。值的变化量越小，线的间距就越大。值上升或下降得越快，线的间距就越小。

（1）在【ArcToolbox】窗口中，双击【Spatial Analyst 工具】→【表面分析】→【 等值线】，打开【等值线】对话框并进行设置，如图 8-15 所示。

（2）在【等值线】对话框中，在【输入栅格】列表，单击【添加数据】按钮图标，添加栅格数据："dem"，（位于"… \ project 8 \ 坡向分析 \ data"）。

（3）在【输出折线（polyline）要素】中，确定输出栅格文件名称："等值线"，指定文件的保存路径：位于"… \ project 8 \ 坡向分析 \ result"。

（4）在【等值线间距】文本框中输入等值线的间距 50。

（5）【起始等值线】为可选项，用于输入起始等值线的值，默认为 0。

（6）在【Z 因子（可选）】为可选项，默认值为 1。

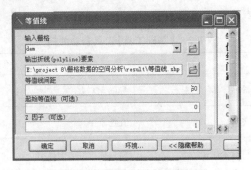

图 8-15 【等值线】对话框设置

（7）单击【确定】按钮，完成等值线提取操作，结果如图 8-16 所示。

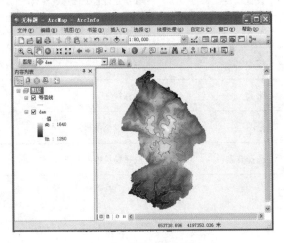

图 8-16 等值线分析结果示意

任务 8.3   三维分析

【任务描述】

ArcScene 是 ArcGIS 三维分析模块 3D Analyst 所提供的一个三维场景工具，基于 ArcScene 可以进行二维数据的三维显示以及制作和管理三维动画。三维可视化分析使数据更加形象生动直观，能够提供一些平面图上无法直接获得的信息。本任务提供等高线、小班. shp、数字高程模型 dem 等，要求分别通过属性、通过表面两种方式进行要素的三维显示。通过任务的实施完成，掌握数据的三维可视化分析的内容，能够根据不同的情况，灵活选择合适的三维显示方法，进行数据的三维可视化表达，解决实际生产问题。

【知识准备】

（1）ArcScene 的工具条

基于 ArcScene 进行数据的三维显示，常用的工具条有【标准】工具条、【3D Analyst】工具条、【基础工具】工具条和【动画】工具条等。其中，【基础工具】工具条主要对三维地图数据进行导航、查询、测量等操作，共有 17 个工具，其各工具的名称、图标及功能描述如表 8-2 所示；【动画】工具条主要是针对动画创建等操作，共有 12 个工具，各工具的名称、图标及功能描述如表 8-3 所示，

表 8-2   【基础工具】工具条功能描述

图标	名称	功能描述
	导航	导航 3D 视图
	飞行	在场景中飞行
	目标处居中	将目标位置居中显示
	缩放至目标	缩放到目标处视图
	设置观察点	在指定位置上设置观察点
	放大	放大视图
	缩小	缩小视图
	平移	平移视图
	全图	视图以全图显示
	选择要素	选择场景中的要素

（续）

图标	名称	功能描述
	清除所选要素	清除对所选要素的选择
	选择图形	选择、调整以及移动地图上的文本、图形等
	识别	查询属性
	HTML 弹出窗口	触发要素中的 HTML 弹出窗口
	查找要素	在地图中查找要素
	测量	几何测量
	时间滑块	打开时间滑块窗口以便处理时间感知型图层和表

表 8-3　【动画】工具条功能描述

图标	名称	功能描述
动画(A) ▾	动画	显示一个包含所有动画工具的菜单
	清除动画	从文档中移除所有动画轨迹
	创建关键帧	为新轨迹或现有轨迹创建关键帧
	创建组动画	创建用于生成分组图层属性动画的轨迹
	创建时间动画	创建用于生成时间地图动画的轨迹
	根据路径创建飞行动画	通过定义照相机或视图的行进路径创建轨迹
	沿路径移动图层	根据 ArcScene 中的路径创建图层轨迹
	加载动画文件	将现有动画文件加载到文档
	保存动画文件	保存动画文件
	导出动画	将动画文件导出为视频或连续图像
	动画管理器	编辑和微调动画、修改关键帧属性和轨迹属性以及在预览更改效果时编辑关键帧和轨迹的时间
	捕获视图	通过捕获视图创建一个动画
	打开动画控制器	打开【动画控制器】对话框

（2）要素的三维显示

若在三维场景中显示要素，其要素本身需具有高程信息或者以某种方式赋予要素高程值。所以，基于上述先决条件，三维显示要素主要有两种方式：一种是要素本身存储有高程值，具有三维几何，直接使用其要素几何中或属性中的高程值，实现三维显示；一种是要素本身没有高程值，则通过叠加或突出两种方式在三维场景中显示。叠加是指将要素所在区域的表面模型的值作为要素的高程值，如将所在区域栅格表面的值作为一幅遥感影像的高程值，可以对其做立体显示；突出是指根据要素的某个属性或任意值突出要素，如在三维场景中显示建筑物要素，可以使用其高度或楼层数等属性将其突出显示。

【任务实施】

ArcScene 的三维分析，基于图层属性，提供了 3 种三维场景中的三维显示方式，分别为：一是基于属性设置图层的基准高程，进而实现三维显示；二是在表面上叠加要素图层，设置基准高程，进而实现三维显示；三是突出要素。上述显示方式，既可单独使用，又可几种结合使用，如先使用表面设置基准高程，然后在表面上再突出显示要素等。本任务采用基于属性和基于表面两种方式进行三维显示的操作。

8.3.1 基于属性进行三维显示

（1）启动 ArcScene，添加数据："等高线"（如位于"… \ project 8 \ 三维分析 \ data"）。

（2）双击"等高线"图层名称或者左键单击"等高线"图层名称，弹出快捷下拉菜单，左键单击选择【属性】命令，打开【图层属性】对话框。

（3）在【图层属性】对话框，左键单击【基本高度】标签，切换到【基本高度】选项卡并进行设置，如图 8-17 所示。

图 8-17 【基本高度】选项卡设置

①在【从表面获取的高程】区域，单击选择"没有从表面获取的高程值"。

②在【从要素获取的高程】区域，单击选择"使用常量值或表达式"。

③在【使用常量值或表达式】列表，左键单击对应按钮 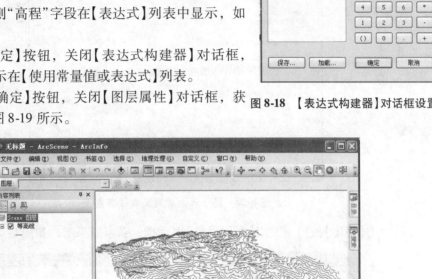，打开【表达式构建器】对话框。

④在【表达式构建器】对话框，在【字段】列表，双击字段"高程"，则"高程"字段在【表达式】列表中显示，如图 8-18 所示。

⑤单击【确定】按钮，关闭【表达式构建器】对话框，"高程"字段显示在【使用常量值或表达式】列表。

（4）单击【确定】按钮，关闭【图层属性】对话框，获取结果图，如图 8-19 所示。

图 8-18 【表达式构建器】对话框设置

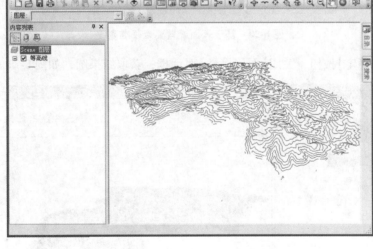

图 8-19 等高线要素的三维显示结果图

8.3.2 基于表面进行三维显示

（1）启动 ArcScene，添加数据："小班.shp"和"dem"（如位于"…\ project 8 \ 三维分析 \ data"）。

（2）双击"小班"图层名称或者右键单击"小班"图层名称，弹出快捷下拉菜单，左键单击选择【属性】命令，打开【图层属性】对话框。

（3）在【图层属性】对话框，左键单击【基本高度】标签，切换到【基本高度】选项卡并进行设置，如图 8-20 所示。

①在【从表面获取的高程】区域，单击选择"浮动在自定义表面上"。

②在【浮动在自定义表面上】下拉列表中，单击选择"dem"。

③在【从要素获取的高程】区域，单击选择"没有基于要素的高度"。
④其他采用系统默认值。

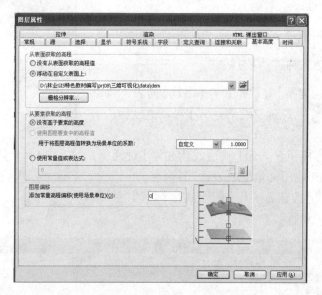

图 8-20　基于表面设置要素基准高程

（4）单击【确定】按钮，关闭【图层属性】对话框，获取结果图，如图 8-21 所示。

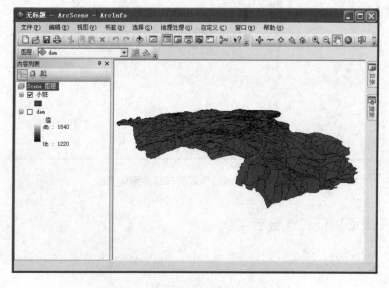

图 8-21　小班要素的三维显示结果示意

【学习资源库】

1. www. 3s001. com　地信网

2. http：//3ssky. com/　遥感测绘网

3. http：//www. gisrorum. net　地理信息论坛

4. http：//training. esrichina – bj. cn/ESRI　中国社区

5. http：//www. youku. com ArcGIS10　视频教程专辑

6.　http：//wenku. baidu. com/　百度文库

7. http：//www. gissky. net/　GIS 空间站

单元三
林业 GIS 制图与输出

　　除了数据信息的管理，利用各种数据信息制作各种类型的图面材料，从而使枯燥无味的森林资源数据变得形象生动，也是 GIS 在林业上的一大应用。本单元包括 2 个项目、7 个任务，详细介绍了应用 ArcGIS 进行林业基本图、森林资源分布专题图、林业造林采伐规划设计图、防火林带规划设计图等专题图的制作技巧，以及制图与输出。

项目 9 地图制图与输出

在林业 GIS 应用中，地图制图与输出是经常涉及的工作，对林业生产与决策有很大的辅助作用。本项目是基础性操作项目，设置三个任务，包括林业空间数据符号化、地图标注与注记、林业专题地图制图与输出。通过任务的完成，熟悉林业地图制图与输出的流程与方法，领会其应用，掌握其操作并灵活应用于生产实际。

【学习目标】

1. 知识目标

(1)能够掌握林业空间数据设置方法与内容

(2)能够掌握地图标注与注记的区别

(3)能够掌握地图标注的内容与方法

(4)能够掌握林业专题制图的版面修饰要素内容与方法

(5)能够熟悉林业专题制图的输出

2. 技能目标

(1)能够进行符号的设置、修改及创建工作，并灵活应用于林业生产实际

(2)能够根据生产实际，创建所需的样式符号库，解决实际生产问题

(3)能够进行地图标注工作，改善地理信息的可视化效果

(4)能够进行地图的版面设计工作，并打印输出

(5)能够领会地图制图与输出的内容与方法，根据不同的情况，灵活选择应用，具备基于 GIS 进行林业专题地图制作的基本业务素质

任务 9.1 林业空间数据符号化

【任务描述】

林业空间数据符号化是林业制图的基础工作，是将矢量地图数据按照出图要求设置各种图例的过程，其决定地图数据最终以何种面目呈现。本任务设置包括符号的选择与修改、符号的创建、符号的设置等内容，通过任务的完成，要求学生掌握林业空间数据符号化设置的内容，能够熟练地进行操作，并灵活应用于生产实际，为后续林业专题地图制作奠定良好的基础。

【知识准备】

对于现实世界的 GIS 地理空间表达，GIS 采用点、线、面 3 种不同的类型。不同类型或不同等级的点要素的表达通过设置点状符号的形状、色彩、大小实现，不同类型或不同等级的线要素的表达通过设置线状符号的类型、粗细、颜色实现，不同类型或不同等级的

面要素的表达通过设置面状符号的图案或颜色实现。无论是点要素、线要素，还是面要素，都可以依据要素的属性特征采取单一符号、定性符号、定量符号、统计图表符号、组合符号等多种表示方法实现数据的符号化。

【任务实施】

9.1.1 符号选择与修改

ArcGIS 内部系统提供了一定数量的点、线、面的符号，在制图时可以根据需要直接调用，这便是符号的选择，但是结合制图表达的要求，需对已经调用的符号进行大小、轮廓、颜色等的属性修改设置，这便是符号的修改。针对不同的符号类型，点、线、面的属性设置是不同的，但是其操作步骤一致，下面以面符号的修改为例，具体操作步骤如下。

（1）启动 ArcMap，添加数据（如位于"… \ project9 \ data \ 大班界"）。

（2）在内容列表中，左键单击"大班界"数据图层标签下的符号，打开【符号选择器】，选择一种符号，如图 9-1 所示。

（3）在【当前符号】区域，可以修改符号的填充颜色、轮廓宽度和轮廓颜色（图 9-1）。也可以单击【编辑符号】，打开【符号属性编辑器】对话框，进行符号修改，如图 9-2 所示。

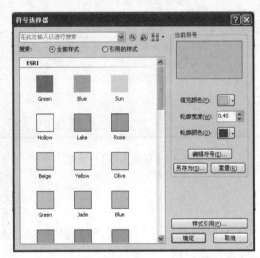

图 9-1 【符号选择器】对话框

（4）符号修改完成后，若想保存设置好的符号，便于下次直接调用，则左键单击【另存为】，打开【项目属性】对话框，在对话框中输入修改后的符号的名称、类别和标签，如图 9-3 所示，符号将被保存在系统默认的图式符号库 Administrator. style。

（5）在【项目属性】对话框，左键单击【完成】按钮，返回【符号选择器】对话框。

（6）在【符号选择器】对话框，左键单击【完成】按钮，完成符号的选择与修改工作。

● 注意　符号的修改，只是符号制图表达的需要，是对原有的符号进行其相关属性的修改，不是创建新符号。

图 9-2 【符号属性编辑器】对话框

图 9-3 【项目属性】对话框

9.1.2 符号制作

虽然 ArcGIS 系统提供了足够的符号，但在制图过程中，由于行业需求不同，特别是林业，对于制图有自身的特殊要求，所以如果单纯地进行修改符号的相关属性等设置，已经不能满足需要时，就应进行符号制作，新符号的创建工作。林业生产上，经常会碰到林班界、大班界、小班界重叠的问题，需要进行线符号的制作修改，下面以线符号的制作为例进行操作。制作包括简单线符号、制图线符号、混列线符号、标记线符号、图片线符号以及 3D 简单线符号和 3D 简单纹理线符号。本小节中林业县界、林班界等界限的制作选择制图线符号。

（1）启动 ArcMap，在菜单栏，左键单击【自定义】→打开【样式管理器】对话框。

（2）在【样式管理器】对话框，左键单击【样式】按钮，打开【样式引用】对话框（图9-4）。

（3）在【样式引用】对话框，左键单击【创建新样式】按钮，打开【另存为】对话框，设置符号保存路径，确定文件名称（如位于"…＼project9＼data＼界线图例.style"），单击【保存】按钮，则"…＼project9＼data＼大班界线.style"出现在【样式引用】列表。

(4)单击【确定】按钮，关闭【样式引用】对话框，则"…\ project9 \ data \ 界线图例.style"出现在【样式管理器】列表。

(5)在【样式管理器】左侧列表，双击"…\ project9 \ data \ 界线图例.style"名称，则在【样式管理器】右侧的名称列表出现各种符号制作的模板。

(6)在【样式管理器】右侧的名称列表中，找到线符号的模板  线符号，并双击，则【样式管理器】右侧的名称列表变为空。

(7)在【样式管理器】的右侧空白区域，单击右键弹出快捷菜单，左键单击选择【新建】→【线符号】，打开【符号属性编辑器】对话框。

(8)设置【符号属性编辑器】对话框，如图9-5所示。

图 9-4 【样式管理器】与【样式引用】对话框

①在【属性】列表中，【类型】选择：制图线符号；

②选项切换到【制图线】选项卡，设置如下，【颜色】：Black(黑色)；【宽度】：2；【线端头】：平端头；【线连接】：圆形。

③选项切换到【模板】选项卡，设置如下：

【间隔】：2；【模板】：████████████████████ ██ ██ ██ █   ○

④【线属性】选项卡：默认。

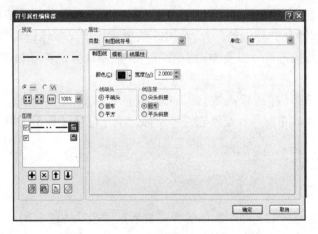

图 9-5 【符号属性编辑器】对话框设置

(9)在【图层】区域单击【添加图层】按钮 ✚，添加一个制图线图层，选中该制图线图层，设置如下参数。

①【制图线】选项卡，【颜色】：Arctic White(白色)；【宽度】：2；【线端头】：平端头；【线连接】：圆形。

②【模板】选项卡：默认

③【线属性】选项卡：默认。

制作的符号结果如图 9-5 所示。

（10）单击【确定】按钮，关闭【符号属性编辑器】对话框。

（11）在【样式管理器】右侧内容列表中，修改线符号名称为"林班界"，如图 9-6 所示。

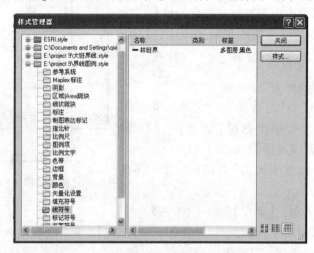

图 9-6 "林班界"符号内容显示列表

（12）左键单击【关闭】按钮，则完成"林班界"线符号的制作。

用同样的方法重复上述（5）～（12）步骤，可以制作其他县界、大班界等的界限符号。符号设置好之后，可以移动其保存文件的位置，并能直接引用。

其他点符号、面符号的制作与上述线符号的制作步骤相同，在此不再赘述。点符号的制作选择【样式管理器】的"标记符号"，ArcGIS 系统提供了简单标记符号、字符标记符号、箭头标记符号、图片标记符号以及 3D 简单标记符号、3D 标记符号和 3D 字符标记符号等类型。

面符号的制作选择【样式管理器】的"填充符号"，ArcGIS 系统提供了简单填充符号、渐变填充符号、图片填充符号、线填充符号、标记填充符号以及 3D 纹理填充符号。

9.1.3 符号设置

1）单一符号设置

单一符号设置是 ArcMAP 系统默认的数据要素制图表达方法，同一类型的同一数据要素，通过统一大小、形状、颜色的点状符号、线状符号或面状符号表达，不管数据要素自身存在的数量、大小等方面的差异。

①启动启动 ArcMAP，添加数据"点"（如位于"⋯ \ project9 \ data"）。

②在内容列表中右击"点"，弹出快捷菜单，左键单击【属性】（或者在内容列表中直接双击"点"名称，打开【图层属性】对话框）。左键单击【符号系统】，切换到【符号系统】选项卡，在【显示】列表框中，左键单击【要素】→【单一符号】，进入【单一符号】形式，如图

9-7 所示。

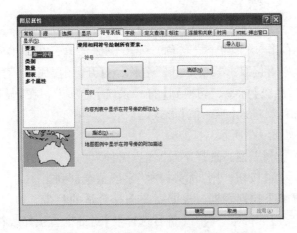

图9-7 【图层属性】→【符号系统】对话框

③单击【符号】图标 ，打开【符号选择器】对话框，如图9-8 所示。

图9-8 【符号选择器】对话框

④根据需要，选择合适的符号，并设置颜色、大小及角度等。

⑤单击【确定】按钮，则单一符号设置完成。

以上是对点符号的完整设置过程，线符号及面符号的设置与此相同，在此不再举例。其实，还有一种更简洁的单一符号设置操作步骤，即在 ArcMAP 内容列表，左键直接单击数据图层对应的符号，打开【符号选择器】对话框，即可进行相应的设置。

2)定性符号设置

定性符号表达是基于数据要素属性值设置符号，具有相同属性值的要素采用相同的符号表达，ArcGIS 系统提供了三种定性符号表示方法，分别为"唯一值""唯一值，多个字段"和"与样式中的符号匹配"。

（1）唯一值定性符号设置

①启动 ArcMAP，添加数据"九潭工区"（如位于"… \ project9 \ data"）。

②在内容列表中右击"九潭工区"名称，弹出快捷菜单，在弹出菜单中左键单击【属性】（或者在内容列表中直接双击"九潭工区"名称，打开【图层属性】对话框）。

③左键单击【符号系统】标签，切换到【符号系统】选项卡，在【显示】列表框中，左键单击【类别】→【唯一值】，进入【唯一值】形式。

④设置对话框，如图 9-9 所示。

a. 在【值字段】下拉列表框，选择字段"优势树种"。

b. 单击【添加所有值】按钮，则"优势树种"字段值全部列出。

c. 单击【色带】区域下拉列表框，根据需要选择合适的色带，也可以直接双击【符号】列表下的每一个字段对应的符号，打开【符号选择器】对话框直接修改符号的属性。

● 注意　如果不想把所有的值字段都纳入，则单击【添加值】按钮，打开【添加值】对话框，选择自己所需的值字段即可，如图 9-10 所示。

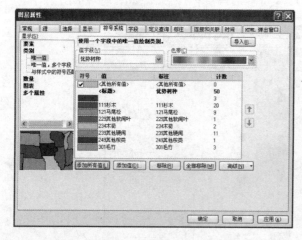

图 9-9　唯一值定性符号设置

图 9-10　【添加值】对话框

⑤单击【确定】按钮，完成唯一值定性符号设置，获得的结果图如图 9-11 所示。

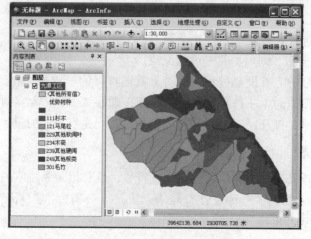

图 9-11　唯一值符号设置结果图

（2）唯一值，多个字段定性符号设置

①启动启动 ArcMAP，添加数据"九潭工区"（如位于"… \ project9 \ data"）。

②在内容列表中右击"九潭工区"名称，弹出快捷菜单，在弹出菜单中左键单击【属性】，打开【图层属性】对话框（或者直接双击"点"名称）。

③左键单击【符号系统】标签，切换到【符号系统】选项卡，在【显示】列表框中，左键单击【类别】→【唯一值，多个字段】，进入【唯一值，多个字段】形式。

④设置对话框，如图 9-12 所示。

a. 在【值字段】下拉列表框，选择字段"起源""林班号"。

b. 单击【添加所有值】按钮，则"起源"与"林班号"字段值全部列出。

c. 单击【色带】区域下拉列表框，根据需要选择合适的色带，也可以直接双击【符号】列表下的每一个字段对应的符号，打开【符号选择器】对话框直接修改符号的属性。

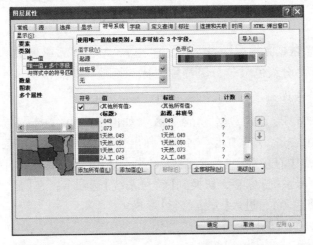

图 9-12　唯一值，多个字段定性符号设置

⑤单击【确定】按钮，完成唯一值，多个字段定性符号设置，结果如图 9-13 所示。

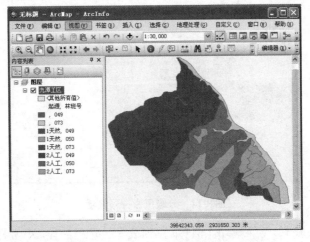

图 9-13　唯一值，多个字段定性符号设置结果示意

（3）与样式中的符号匹配，定性符号设置

①启动启动 ArcMap，添加数据"九潭工区"（如位于"…\ project9\ data"）。

②在内容列表中右击"九潭工区"名称，弹出快捷菜单，在弹出菜单中左键单击【属性】（或者在内容列表中直接双击"九潭工区"名称，打开【图层属性】对话框）。

③左键单击【符号系统】标签，切换到【符号系统】选项卡，在【显示】列表框中，左键单击【类别】→【与样式中的符号匹配】，进入【与样式中的符号匹配】形式。

④设置对话框。

a. 在【值字段】下拉列表框，选择字段"起源"。

b. 在【与样式中的符号匹配】列表，左键单击【浏览】按钮，选择样式文件（∗. style）。

c. 单击【匹配符号】按钮，完成与样式中的符号匹配定性符号设置。

（4）单击【确定】按钮，完成与样式中的符号匹配定性符号设置，获取结果图。

3）定量符号设置

定量符号的设置依据是据属性表中的数值字段，ArcGIS 系统提供了四种方法进行定量数据的表达，分别为"分级色彩""分级符号""比例符号"和"点密度"。

（1）分级色彩符号设置

①启动启动 ArcMAP，添加数据"九潭工区"（如位于"…\ project9\ data"）。

②在内容列表中右击"九潭工区"名称，弹出快捷菜单，在弹出菜单中左键单击【属性】（或者在内容列表中直接双击"九潭工区"名称，打开【图层属性】对话框）。

③左键单击【符号系统】标签，切换到【符号系统】选项卡，在【显示】列表框中，左键单击【数量】→【分级色彩】，进入【分级色彩】形式。

④设置对话框，如图 9-14 所示。

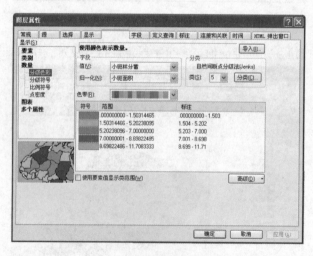

图 9-14 分级色彩符号设置

a. 在【字段】区域中，左键单击【值】下拉列表框，选择字段"小班林分蓄积"，左键单击【归一化】下拉列表框，选择字段"面积"，表示小班单位面积蓄积量。

b. 左键单击【色带】下拉列表框，选择合适的色带。

c. 在【分类】区域中，左键单击【类】下拉列表框，确定分类数为"5"。

● 注意　对于分级方案，可以进行设置，具体是在【分类】区域，左键单击【分类】按钮，打开【分类】对话框，进行相关设置即可，如图 9-15 所示。

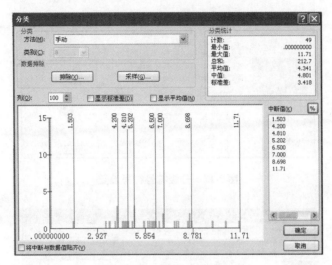

图 9-15　【分类】对话框

⑤单击【确定】按钮，完成分级色彩符号设置工作，结果如图 9-16 所示。

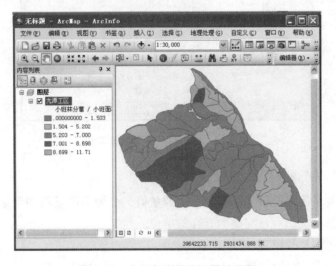

图 9-16　分级色彩符号设置结果图

（2）分级符号符号设置

分级符号符号设置操作步骤与分级色彩相同，其分级符号对话框设置如图 9-17 所示，结果如图 9-18 所示。

● 注意　在分级符号符号设置对话框中，可以单击【模板】按钮进行符号的设置，单击【背景】按钮，进行底图数据的背景颜色设置。

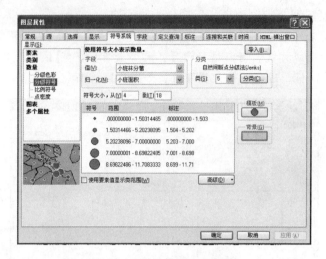

图 9-17 分级符号符号设置

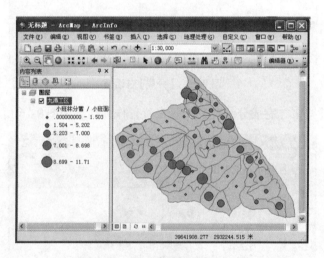

图 9-18 分级符号设置结果示意

（3）比例符号符号设置

比例符号设置是使用符号大小精确表示数量值，分为不可量测和可量测两种类型，不可量测类型无存储单位，可量测类型有存储单位。

①不可量测比例符号设置

a. 启动 ArcMAP，添加数据。

b. 打开【图层属性】对话框，并切换到【符号系统】→【数量】→【比例符号】选项卡。

c. 设置对话框，如图 9-19 所示。

在【值】下拉列表框中选择字段"小班面积"；在【归一化】下拉列表框中选择字段"无"；在【单位】下拉列表框中选择"未知单位"；左键单击【背景】按钮，打开【符号选择器】对话框，进行背景色的设置；左键单击【最小值】按钮，打开【符号选择器】对话框，进行符号的大小、颜色等的设置；确定【显示在图例中的符号数量】为"5"。

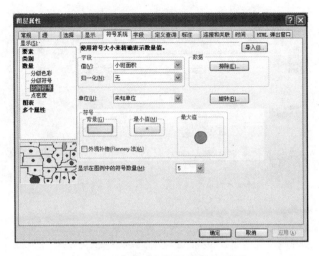

图 9-19　不可量测比例符号设置

d. 单击【确定】按钮，完成不可量测比例符号设置，结果如图 9-20 所示。

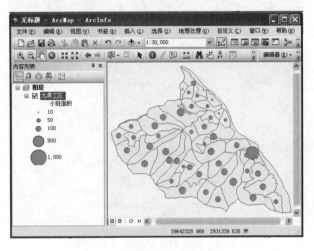

图 9-20　不可量测比例符号设置结果图

②可量测比例符号设置　可量测比例符号设置操作步骤与不可量测比例符号设置相同，区别在于符号设置对话框的不同，获取的结果图也不同。

可量测比例符号设置对话框，如图 9-21 所示。

a. 在【值】下拉列表框中选择字段"小班面积"。

b. 在【归一化】下拉列表框中选择字段"无"。

c. 在【单位】下拉列表框中选择"米"。

d. 在【符号】区域，设置符号的颜色、形状及背景。

e. 在【轮廓】区域，设置符号轮廓线的颜色及宽度。

f. 左键单击【确定】按钮，完成可量测比例符号设置工作，结果如图 9-22 所示。

(4)点密度符号设置

点密度符号设置是使用点密度表示数量。其符号窗口设置如图 9-23 所示。

图 9-21　可量测比例符号设置

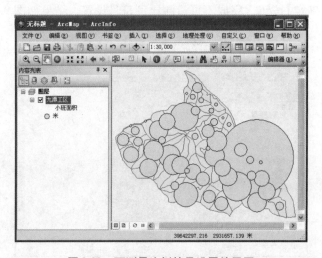

图 9-22　可测量比例符号设置结果图

①在【字段选择】列表框，双击字段"小班林分蓄积"，该字段进入右边的列表；或者左键单击选中字段"小班林分蓄积"，再单击右移按钮 $\boxed{>}$ ，则该字段进入右边的列表。

②在【密度】区域中调节【点大小】和【点值】的大小。

③在【背景】区域设置点符号的背景及其背景轮廓的符号。

④选中【保持密度】复选框，表示地图比例发生改变时点密度保持不变。

⑤单击【确定】按钮，完成点密度符号设置，结果如图 9-24 所示。

4）统计图表符号设置

统计图表可用来表达制图要素的多项属性，是专题地图中经常应用的一类符号。ArcGIS 系统提供了常用的三种统计图表，分别为饼图、条形图/柱状图和堆叠图。下面以饼图为例进行操作。

图 9-23　点密度符号设置对话框

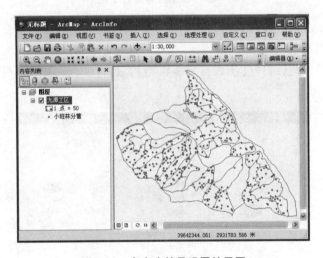

图 9-24　点密度符号设置结果图

①启动启动 ArcMAP，添加数据"九潭工区"（如位于"…＼ project9＼ data "）。

②在内容列表中右击"九潭工区"名称，弹出快捷菜单，在弹出菜单中左键单击【属性】（或者在内容列表中直接双击"九潭工区"名称，打开【图层属性】对话框）。

③左键单击【符号系统】标签，切换到【符号系统】选项卡，在【显示】列表框中，左键单击【图表】→【饼图】，进入【饼图】形式。

④设置对话框，如图 9-25 所示。

a. 在【字段选择】列表框中，分别双击字段"小班毛竹株""小班散生木""小班散生竹"，该字段进入右边的列表；或者左键单击选中字段"小班毛竹株""小班散生木""小班散生竹"，再单击右移按钮 ＞ ，则该字段进入右边的列表。

b. 单击【背景】图标，设置符号底图的背景颜色及轮廓线等属性。

c. 单击【配色方案】下拉框，选择合适的配色带。

图 9-25　饼图符号设置对话框

● 注意　也可以在【字段选择】右侧列表中，双击各字段对应的符号，进入【符号选择器】对话框，进行符号相关设置。

d. 单击【属性】按钮，打开【图表符号编辑器】，进行颜色、宽度、轮廓等的相关设置，如图 9-26 所示。

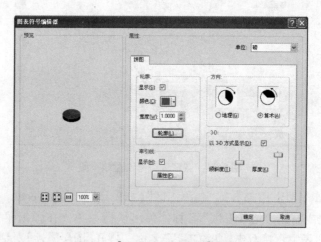

图 9-26　【图表符号编辑器】对话框

(5) 单击【确定】按钮，完成饼图符号设置，结果如图 9-27 所示

条形图/柱状图和堆叠图的符号设置与饼图符号设置相同，在此不再举例。

5) 多个属性符号设置

多个属性符号设置就是同一地图要素的不同属性信息采用不同的符号参数进行表达，如用符号的颜色表示小班的面积，符号的大小表示蓄积。

①启动 ArcMap，添加数据"九潭工区"（如位于"… \ project9 \ data "）。

②在内容列表中右击"九潭工区"名称，弹出快捷菜单，在弹出菜单中左键单击【属

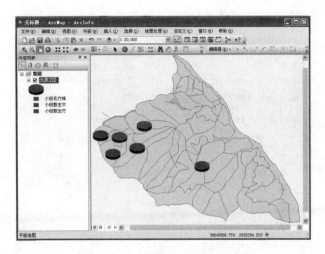

图 9-27 饼图符号设置结果图

性】(或者在内容列表中直接双击"九潭工区"名称,打开【图层属性】对话框)。

③左键单击【符号系统】标签,切换到【符号系统】选项卡,在【显示】列表框中,左键单击【多个属性】→【按类别确定数量】,进入【按类别确定数量】对话框形式。

④设置对话框,如图 9-28 所示。

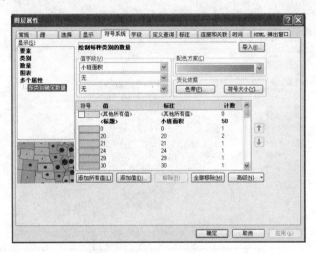

图 9-28 多个属性符号设置对话框

a. 在【值字段】区域第一个列表框中,选择字段"小班面积",在【配色方案】下拉列表框中选择一种色彩方案。

b. 左键单击【添加所有值】按钮,加载属性字段"小班面积"的所有数值。并取消选择"其他所有值"前面的复选框。

c. 单击【符号大小】按钮,打开【使用符号大小表示数量】对话框并进行相关设置,如图 9-29 所示。

在【字段】区域,【值】下拉框中选择字段"小班林分蓄积"。【归一化】下拉框中选择字段"无"。在【分类】区域,【类】字段选择"5",也可以单击【分类】按钮,打开【分类】对话框进行相关设置。单击【模板】与【背景】按钮，进行模板与背景的设置。

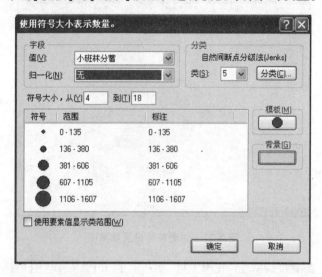

图 9-29 【使用符号大小表示数量】对话框

⑤单击【确定】按钮，完成多个属性符号设置，结果如图 9-30 所示。

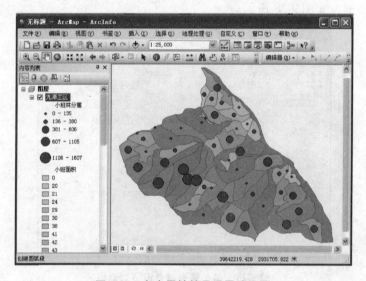

图 9-30 多个属性符号设置结果图

任务 9.2 地图标注与注记

【任务描述】

在地图制图过程中，适当增加文本信息，会改善地理信息的可视化效果，有助于地图传达地理要素的信息。本任务基于此，提供林业地图数据（九潭工区 .shp）。要求进行地图数据的标注工作，地图文档的注记工作。通过任务的完成，掌握标注与注记的区别，能够进行各种方式的地图标注工作，以及地图文档的注记工作，并灵活应用于生产实际。

【知识准备】

(1)标注和注记的区别

标注和注记都是地图上的文本信息，属于描述性文本，用于解释地图，但标注与注记之间有所不同。

标注的文本和位置是由一系列定位规则自动确定的，其文本字符串基于要素属性，具有快速简单的特性。标注只能为要素添加文本，用户无法选中也无法编辑，但可通过将标注转换为注记来编辑单条文本的一些属性。在 ArcGIS 中，可直接在图层数据中设置标注。

注记用来描述特定要素或向地图添加常规的信息(比如各小班的小班号显示等)，又分为地理数据库注记与地图文档注记。与标注不同的是，每条注记都存储自身的位置，文本字符串以及显示属性，也因此可以对注记进行编辑改变其位置和外观。

①地理数据库注记　　存储于注记要素类中。与其他要素类一样，注记要素类中的所有要素均具有地理位置和属性。注记通常为文本，但也包括其他类型符号系统的图形形状(例如方框或箭头)。每个文本注记要素都具有符号系统，其中包括字体、大小、颜色以及其他任何文本符号属性。地理数据库注记包含两种类型：标准注记和与要素关联的注记。标准注记不与地理数据库中的要素关联。标准注记的一个例子是，地图上标记某山脉的文字，没有特定的要素代表该山脉，但它却是一个想要标记的区域。与要素关联的注记与地理数据库中另一个要素类中的特定要素相关联，反映了与其关联的要素中的字段值。例如，供水管网中的输水干管可以用其名称进行注记，而名称则存储在输水干管要素类的一个字段中。

②地图文档注记　　存储在地图文档(. mxd) 中。一般应用于可编辑文本相对较少，并且文本只用在单张地图时。

(2)应用标注(Label)和注记(Annotation)识别要素

在 ArcMap 中可以使用标注和注记来识别要素，选择 Label 或 Annotation 取决于你需要如何控制文本显示以及在 ArcMap 中如何存储文本。对一个图层中的部分或所有要素的标注可以独立或者动态的创建，但有的时候用注记会更好些，注记可以由标注转成或从一个 Coverage 导入。

动态创建的标注将在漫游和缩放后按照当前地图比例尺下的最佳位置重画，因为动态创建的标注被作为一个图层属性存储，改变设置，诸如等级分类，符号或者标注位置将影响到图层中的标注。

注记可以从一个草图创建或从一个已有的 Coverage 中转换，当你使用其中的方法创建注记时，当前的比例尺将被作为参考比例尺，注记要素总是用参考比例尺规定的尺寸显示。

注记可以作为地图的图形或者 GeoDatabase 的要素被存储，每个注记文本可以被独立操作，因为注记不过是一种类型的要素，它的大小相对地图上的其他要素保持不变。存储在 GeoDatabase 中的注记可以或者不链接到一个要素上，非链接的注记是一个地理位置文本字符串，和别的要素类中的要素没有关联。链接要素注记中的文本来自一个相关的点，多边形或者线要素的属性表的一个或多个字段。当相关要素移动时，要素链接注记也跟着移动。

如果你使用了标注，如何标注要素取决于如何使用地图以及数据显示方式，这些考虑将帮助你决定在一个给定的情势下使用哪种标注方法。你可以使用 Text 工具来标注一些要素，或者你可以利用 ArcMap 内置的功能——基于一个图层相关的属性数据交互或动态来标注要素。

【任务实施】

9.2.1 地图标注

（1）单一标注

①启动 ArcMap，添加数据"九潭工区"（如位于"…\ project9 \ data"）。

②在内容列表中右击"九潭工区"名称，弹出快捷菜单，在弹出菜单中左键单击【属性】（或者在内容列表中直接双击"九潭工区"名称，打开【图层属性】对话框）。

③左键单击【标注】标签，切换到【标注】选项卡。

④设置对话框，如图 9-31 所示。

a. 在【文本字符串】区域，【标注字段】下拉列表框，选择字段"小班号"。

b. 在【文本符号】区域，设置字体类型、颜色、大小等。

c. 在【方法】下拉列表框，选择"以相同方式为所有要素加标注"。

d. 勾选"标注此图层中的要素"复选框。

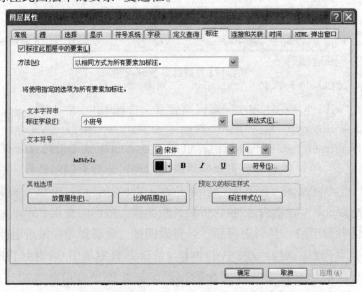

图 9-31 【图层属性】→【单一标注】选项卡

⑤单击【确定】按钮，则标注完成，结果如图 9-32 所示。

（2）多个标注

①启动 ArcMap，添加数据"九潭工区"（如位于"…\ project9 \ data"）。

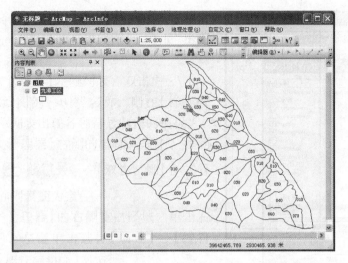

图 9-32　单一标注结果图

②在内容列表中右击"九潭工区"名称，弹出快捷菜单，在弹出菜单中左键单击【属性】（或者在内容列表中直接双击"九潭工区"名称，打开【图层属性】对话框）。

③左键单击【标注】标签，切换到【标注】选项卡。

④在【文本字符串】区域，单击【表达式】按钮，打开【标注表达式】对话框，进行表达式的编写，如图 9-33 所示。

a. 在【字段】区域，单击字段"大班号"，单击【追加】按钮，则字段"大班号"出现在表达式区域框。按照同样的方法，添加字段"小班号"。

b. 单击【确定】按钮，则标注表达式设置完成。

⑤在【文本符号】区域，设置字体类型、颜色、大小等。

⑥在【方法】下拉列表框，选择"以相同方式为所有要素加标注"。

⑦勾选"标注此图层中的要素"复选框，则完成对话框设置，如图 9-34 所示。

⑧单击【确定】按钮，则完成标注，结果如图 9-35 所示。

图 9-33　【标注表达式】对话框设置

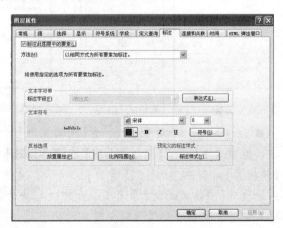

图 9-34　多个标注选项卡设置

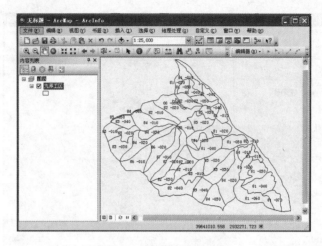

图 9-35　多个标注结果图

（3）层叠标注

层叠标注的操作步骤与多个标注相同，区别是标注表达式的编写不同，如进行林班 –
大班 – 小班的地图标注，其标注表达式的编写，如图 9-36 所示。结果 如图 9-37 所示。

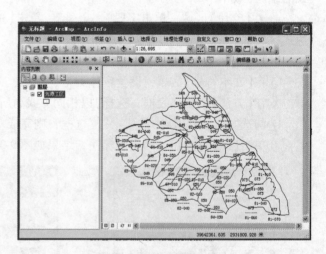

图 9-36　层叠标注【标注表达式】编写　　　　　　图 9-37　层叠标注结果图

● 注意　• 对于层叠标注，在【图层属性】→【标注】选项卡对话框中，在【文本符号】
区域，左键单击【符号】按钮，打开【符号选择器】对话框，左键单击【编辑符号】按钮，打
开【编辑器】对话框，切换到【常规】选项卡，可进行字体类型、大小、颜色、样式等的调
整；切换到【带格式的文本】选项卡，可进行标注式行间距的调整，如图 9-38 所示。通过
编辑与调整，使层叠标注达到合理显示状态。

• 在层叠标注中，可以使用下划线表达式，例如，" < und >" & mid（[xbno]，16，2)
& " – " & mid（[xbno]，18，3) & " </und >" & vbnewline & round（[xbmj]/(10000/15)，

图 9-38　【编辑器】对话框

0)，该标注中将小班面积单位转化成亩，并保留整数。

● 对于层叠标注，可以直接从小班编号(xbno)字段中提取林班、大班、小班。

使用 mid(a，b，c)函数，可从 a 字段串中提取所需的字符段，函数意义与 excel 中的取字符函数相同，即在 a 字段中，从 b 位置开始，取长度为 c 的字符段。从 xbno 中取出相应代码段的方法如下：

县代码：mid(xbno，1，6)

乡镇场代码：mid(xbno，7，3)

村工区代码：mid(xbno，10，3)

林班号：mid(xbno，13，3)

大班号：mid(xbno，16，2)

小班号：mid(xbno，18，3)

(4)标注高级编辑

在【标注表达式】对话框，勾选【高级】复选框，利用 VBScript 或 Jscript 脚本编写可实现自定义的标注样式，如输入以下代码段：

```
Function Find Label（［YSSZ］
    select case mid（［YSSZ］，1，2)
        case "11"            '杉木'
            Find Label ＝"i"
        case "12"            '马尾松'
            Find Label ＝"e"
        case "21","22","23"       '阔叶树'
            Find Label ＝"p"
    end select
End Function
```

并将标注的字体改为"ESRI US Forest 2"，标注结果如图 9-39 所示。

图 9-39　标注高级编辑效果图

（5）标注最佳位置显示

①在 ArcMap 菜单栏，左键单击【自定义】→【工具条】→【标注】，打开【标注】工具条，如图 9-40 所示。

图 9-40　【标注】工具条

②在 ArcMap 菜单栏，左键单击【自定义】→【扩展模块】，勾选"Maplex"复选框，激活"Maplex"扩展模块。

③在【标注】工具条，左键单击【标注】→【使用 Maplex 标注引擎】，在右边的下拉框里选择【最佳】，则标注在地图中以最合理的位置显示。

● 注意　•此处对于标注最佳位置的显示，是对所有的地图标注进行位置的最佳移动，如果要进行单个标注位置的移动，则需要将标注转换为注记，具体操作如下：

右键单击数据图层名称"九潭工区"，弹出下拉快捷菜单，左键单击选择【将标注转换为注记】命令，打开【将标注转换为注记】对话框，在【存储注记】区域，左键单击选择"在地图中"选项，在【为以下选项创建注记】区域，左键单击选择"所有要素"选项，如图 9-41 所示。单击【转换】按钮，则标注转换为注记，可以对单个注记进行修改。除了位置的移动，也可双击选中某一注记，进行字体大小、行间距等的修改。如果不要注记显示，则选中该注记，直接删除即可。

•为了最佳显示效果及地图处理工作需要，有时地图标注需随着地图比例尺的变化而变化，具体操作如下：

在【内容列表】窗口，右键单击【图层】图标 □ 多 **图层** ，在弹出的快捷菜单中，左键单击选择【参考比例】→【设置参考比例】，则标注会随着地图比例尺的变化而变化，达到最佳显示效果。如果取消比例尺的设置，则左键单击选择【参考比例】→【清除参考比例】。

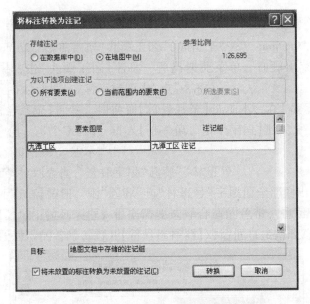

图 9-41 【将标注转换为注记】对话框设置

9.2.2 地图注记

（1）启动 ArcMap，添加数据"九潭工区"（如位于"…\ project9\ data"）。

（2）在 ArcMap 菜单栏，左键单击【自定义】→【工具条】→【绘图】，打开【绘图】工具条，如图 9-42 所示。

图 9-42 【绘图】工具条

（3）在【绘图】工具条，左键单击【新建文本】按钮 **A**，在地图中要添加文本的位置处，单击左键输入文本内容即可，如图 9-43 所示。单击选中该注记，拖动改变位置，应用【绘图】的工具，可以进行字体类型、大小等的修改。也可双击该注记，进行文本内容、大小和位置的修改。

任务 9.3 林业专题地图制图与输出

【任务描述】

　　在林业生产实际中，为了更清楚美观地表达图面信息，需要进行图面的整饰美化，添加标题、指北针、图例、比例尺等一系列修饰要素，有时为应用方便，要打印专题地图，这时需进行打印输出的设置工作，包括根据地图数据比例尺设置页面大小、页面方向、图框大小等。通过本任务的完成，熟悉林业专题地图制图与输出的流程，能够进行打印版面设置、图面修饰、绘制坐标格网、打印输出地图等工作，并灵活应用于生产实际。

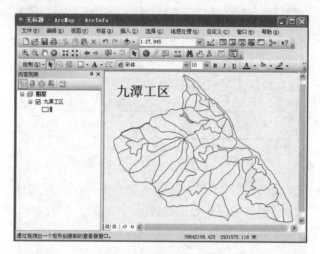

图 9-43　地图注记结果图

【**知识准备**】

　　基于 ArcGIS 进行林业专题地图制图与输出工作，需要在 ArcMap 的布局视图中进行，布局视图的工具条，如图 9-44 所示。各工具功能描述如表 9-1 所示。

图 9-44　布局视图工具条

表 9-1　【布局】工具及其功能描述

图标	名称	功能
	放大	单击或拉框任意放大布局视图
	缩小	单击或拉框任意缩小布局视图
	平移	平移视图
	缩放到整个页面	缩放至布局的全图
	缩放至 100%	缩放至 100% 视图
	固定比例放大	以数据框中心点为中心，按固定比例放大布局视图
	固定比例缩小	以数据框中心点为中心，按固定比例缩小布局视图
	返回到范围	返回至前一视图范围
	前进至范围	前进至下一视图范围
	缩放控制	当前地图显示百分比

（续）

图标	名称	功能
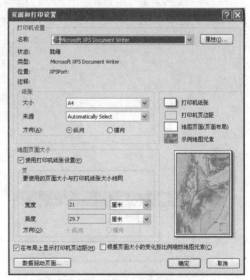	切换描绘模式	切换至描绘模式
	焦点数据框	使数据框在有无焦点之间切换
	更改布局	打开【选择模板】对话框，选择合适的模板更改布局
	数据驱动页面工具条	打开【数据驱动页面】工具条，设置数据驱动页面

【任务实施】

9.3.1 版面设置

（1）版面尺寸设置

在制图过程中，若要输出地图，可以根据地图的用途、比例尺、打印机的型号等设置版面的尺寸，若没有进行设置，则系统会应用默认的纸张尺寸和打印机。

①在 ArcMap 菜单栏，左键单击【视图】→【布局视图】，进入【布局视图】页面。

②在 ArcMap 菜单栏，左键单击【文件】→【页面和打印设置】，或者在布局视图中当前数据框外单击右键，在弹出的快捷菜单中，左键单击选择【页面和打印设置】命令，打开【页面和打印设置】对话框，如图 9-45 所示。

③在【名称】下拉列表中选择打印机的名字。【纸张】选项组中选择输出纸张的类型。如在【地图页面大小】选项组中选择【使用打印机纸张设置】选项，则【纸张】选项组中默认尺寸（宽度与高度）为该类型的标准尺寸，不能更改纸张尺寸，方向为该类型的默认方向。若不想使用系统给定的尺寸和方向，可以在【大小】下拉列表中选择用户自定义纸张尺寸，不勾选【使用打印机纸张设置】选项，在【宽度】和【高度】中输入需要的尺寸以及单位。【方向】可选横向或者纵向。

④勾选【在布局上显示打印机页边距】选项，则在地图输出窗口上显示打印边界，勾选【根据页面大小的变化按比例缩放地图元素】选项，则使得纸张尺寸自动调整比例尺。

图 9-45 【页面和打印设置】对话框

● 注意 选择【根据页面大小的变化按比例缩放地图元素】选项的话，无论如何调整纸张的尺寸和纵横方向，系统都将根据调整后的纸张参数重新自动调整地图比例尺，如果想完全按照需要设置地图比例尺，就不要选择该选项。

⑤单击【确定】按钮，完成设置。

（2）辅助要素设置

为了便于编制输出地图，ArcMap 提供了多种地图输出编辑的辅助要素，如标尺、辅助线、格网、页边距等，用户可以灵活的应用，使地图要素排列得更加规则。

所有的这些辅助要素的设置都在布局视图的快捷菜单里进行，关于菜单各命令功能及应用，参考"任务 2.2 ArcMap 应用基础→【知识准备】"，在此不再赘述。

9.3.2 一幅专题地图整饰操作

一副专题地图，除了专题图面内容，还需要图名、图例、比例尺与指北针等的修饰要素，使整个地图更加美观。这些修饰要素的设置与修改工作要在布局视图中进行。

（1）图名设置与修改

①在 ArcMap 菜单栏，左键单击【视图】→【布局视图】，进入【布局视图】页面。

②在 ArcMap 菜单栏，左键单击【插入】→【标题】，打开【插入标题】对话框，如图 9-46 所示。

③根据需要，在【插入标题】对话框的文本框中输入地图名称。

④单击【确定】按钮，则完成标题设置，图名出现在布局视图中。

⑤左键单击选中标题名称进行拖动，可以更改标题位置。

⑥双击标题名称（或者右键单击选中标题名称），弹出下拉菜单，左键单击选择【属性】，打开【属性】对话框（图 9-47），进行标题名称、字体、颜色、大小等的设置修改。

⑦左键单击选中标题名称，按【Delete】键则删除标题。

图 9-46 【插入标题】对话框　　　图 9-47 【属性】对话框

（2）指北针设置与修改

①在 ArcMap 菜单栏，左键单击【插入】→【指北针】，打开【指北针选择器】对话框，如图 9-48 所示。

②根据需要选择所需类型的指北针。

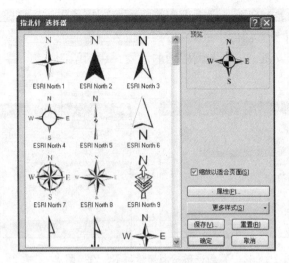

图 9-48　【指北针选择器】对话框

③如果需要对指北针进行进一步设置，则在【指北针选择器】对话框左键单击【属性】按钮，打开【指北针】对话框，进一步设置参数，如图 9-49 所示。

④单击【确定】按钮，则完成指北针设置。

⑤指北针设置好之后，双击指北针，打开【指北针属性】对话框，如图 9-50 所示，进行大小、位置、颜色等相关参数的设置。

⑥单击选中指北针图标并进行拖动，可以进行指北针位置的修改。

⑦左键单击选中指北针图标，按【Delete】键删除指北针。

图 9-49　【指北针】对话框

图 9-50　【指北针属性】对话框

（3）图例设置与修改

①在 ArcMap 菜单栏，左键单击【插入】→【图例】，打开【图例向导】对话框，如图 9-51 所示。

②在【图例向导】对话框中，通过左右箭头图标 > < 进行数据地图图层与图例项

的选择。在【图例项】通过向上、向下方向箭头调整图层顺序，即调整数据层符号在图例中排列的上下顺序。在【设置图例中的列数】栏中输入所需的数字。

③单击【下一步】按钮，进行图例标题的设置，包括图例名称，字体类型、大小、颜色等，如图 9-52 所示。

图 9-51　【图例向导】对话框

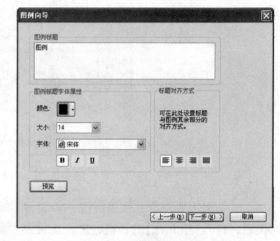

图 9-52　图例标题设置

④单击【下一步】按钮，进行图例框架的设置，包括边框样式、背景颜色、阴影等，如图 9-53 所示，设置完成后，单击【预览】查看效果。

⑤单击【下一步】按钮，进行图例项的设置，包括宽度、高度、线和面积等，如图 9-54 所示，单击【预览】查看设置效果。

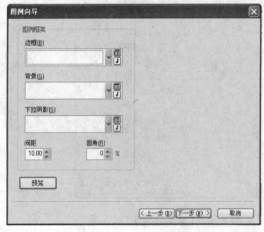

图 9-53　图例框架设置

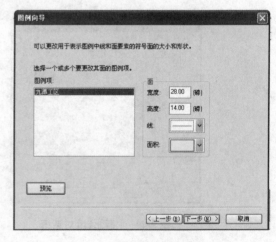

图 9-54　图例项设置

⑥单击【下一步】按钮，进行图例各部分之间的间距设置，如图 9-55 所示，单击【预览】查看设置效果。

⑦单击【确定】按钮，则完成图例的设置。

⑧单击选中设置好的图例，进行拖动可以改变其在地图中的位置。

⑨双击图例，打开【图例属性】对话框，可以进一步修改图例，包括名称、框架、项目、大小和位置等，如图 9-56 所示。

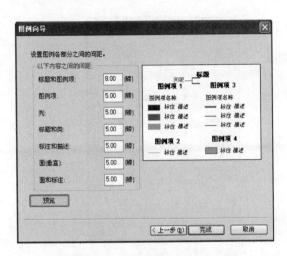

图 9-55　图例各部分内容间距设置　　　　图 9-56　【图例属性】对话框

⑩右键单击选中图例，弹出下拉菜单，可以对图例进行其他操作（图 9-57）。

● 注意　图例是以组的形式存在，选中图例，在快捷菜单中，左键单击选择【转换为图形】命令；再次选中图例，在快捷菜单中，左键单击选择【取消分组】命令，则图例内容分散开来，可以对每一项进行修改；修改好后，选中全部内容，在其快捷菜单中，左键单击选择【组】命令，则图例各部分内容又重新组合为一个组。

（4）比例尺设置与修改

ArcMap 系统提供了两种比例尺，分别为数字比例尺和图形比例尺，数字比例尺以数字的形式非常精确地表达图面要素与实际地物之间的定量关系，缺点是不够直观，数字图形大小无法随着地图的缩放而缩放；图形比例尺是以图形的形式表达图面要素与实际地物之间的关系，美观且能随着地图的缩放而缩放，缺点是不能精确地表达制图比例。所以，为了制图需要，一般是两种比例尺一起放置在地图上。

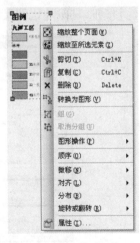

①数字比例尺

a. 在 ArcMap 菜单栏，左键单击【插入】→【比例文本】，打开【比例文本选择器】对话框，如图 9-58 所示。

b. 根据需要选择所需类型的数字比例尺。

图 9-57　图例快捷菜单

c. 如果需要对数字比例尺进行进一步设置，则在【比例文本选择器】对话框左键单击【属性】按钮，打开【比例文本】对话框，进一步设置参数，如图 9-59所示。

d. 单击【确定】按钮，则完成数字比例尺设置。

e. 数字比例尺设置好之后，双击比例尺图标，打开【Scale Text 属性】对话框，进行比例文本、格式、大小和位置等相关参数的设置。

　　f. 单击选中比例尺图标并进行拖动，可以进行比例尺位置的移动。

　　g. 左键单击选中比例尺图标，按【Delete】键删除比例尺。

 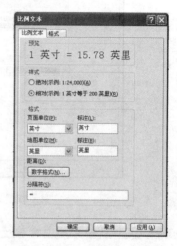

图 9-58　【比例文本选择器】对话框　　　图 9-59　【比例文本】对话框

②图形比例尺

　　a. 在 ArcMap 菜单栏，左键单击【插入】→【比例尺】，则打开【比例尺选择器】对话框，如图 9-60 所示。

　　b. 根据需要选择所需类型的图形比例尺。

　　c. 如果需要对图形比例尺进行进一步设置，则在【比例尺选择器】对话框左键单击【属性】按钮，打开【比例尺】对话框，进一步设置参数，如图 9-61 所示。

图 9-60　【比例尺选择器】对话框　　　图 9-61　【比例尺】对话框

　　d. 单击【确定】按钮，则完成图形比例尺设置。

　　e. 图形比例尺设置好之后，双击比例尺图标，打开【Alternating Scale Bar 属性】对话框，如图 9-62 所示，进行比例和单位、数字和刻度等相关参数的设置。

　　f. 单击选中比例尺图标并进行拖动，可以进行比例尺位置的移动。

g. 左键单击选中比例尺图标，按【Delete】键删除比例尺。

● 注意　对于专题地图的整饰操作，除上述图名、指北针、图例、比例尺等基本的修饰要素外，还可以根据需要插入图片、对象（包括图表、文档等），这些要素的插入工作，也是利用 ArcMap 主菜单栏【插入】→【图片】(【对象】)命令进行。

9.3.3　绘制坐标格网

根据不同制图区域的大小，坐标格网分为三种类型：小比例尺大区域的地图通常使用经纬网；中比例尺中区域地图通常使用投影坐标格网，又称公里格网；大比例尺小区域地图，通常使用公里格网或索引参考格网。下面以经纬网和方里格网为例进行操作介绍。

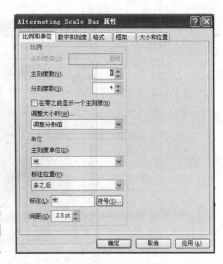

图 9-62　【**Alternating Scale Bar 属性**】
对话框

(1) 绘制经纬网

①在 ArcMap 内容列表窗口，右键单击选中图层数据图标 图层，弹出下拉菜单，左键单击选择【属性】，则打开【数据框属性】对话框，单击【格网】标签进入【格网】选项卡，如图 9-63 所示。

②左键单击【新建格网】按钮，打开【格网和经纬网向导】对话框，如图 9-64 所示。

③左键单击选中【经纬网】按钮，并在【格网名称】文本框中输入格网名称。

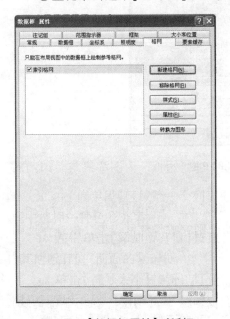

图 9-63　【数据框属性】对话框

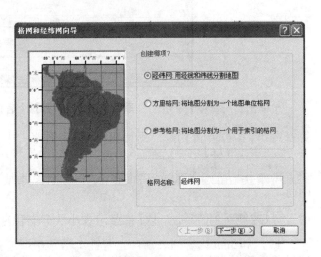

图 9-64　【格网和经纬网向导】对话框

④单击【下一步】按钮，打开【创建经纬网】对话框，进行格网外观与间隔的设置，如图 9-65 所示。

图 9-65　创建经纬网

⑤单击【下一步】按钮，打开【轴和标注】对话框，进行轴与标注的设置(图 9-66)。

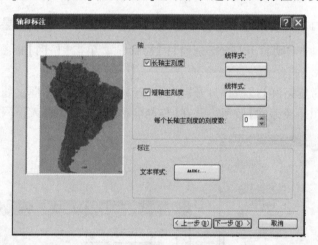

图 9-66　【轴和标注】对话框

⑥单击【下一步】按钮，打开【创建经纬网】对话框，进行边框、内图廓线与经纬网属性的设置，如图 9-67 所示。

⑦单击【完成】按钮，关闭【创建经纬网】对话框，则完成经纬网的相关参数设置。

⑧返回到【数据框属性】对话框，单击【确定】按钮，则完成经纬网设置，出现在地图图面。

(2)绘制方里格网

①在 ArcMap 内容列表窗口，右键单击选中图层数据图标 **图层**，弹出下拉菜单，左键单击选择【属性】，则打开【数据框属性】对话框，单击【格网】标签进入【格网】选项卡。

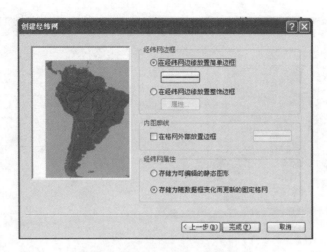

图 9-67 【创建经纬网】对话框

②左键单击【新建格网】按钮，打开【格网和经纬网向导】对话框。

③左键单击选中【方里格网】按钮，并在【格网名称】文本框中输入格网名称，如图 9-68 所示。

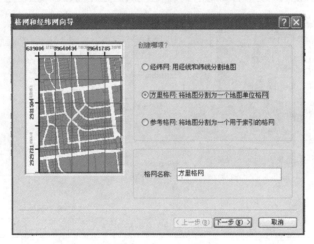

图 9-68 【格网和经纬网向导】对话框设置

④单击【下一步】按钮，打开【创建方里格网】对话框，进行格网外观、间隔与坐标系的设置，如图 9-69 所示。

⑤单击【下一步】按钮，打开【轴和标注】对话框，进行轴和标注的设置（图 9-70）。

⑥单击【下一步】按钮，打开【创建方里格网】对话框，进行边框、内图廓线与格网属性的设置，如图 9-71 所示。

⑦单击【完成】按钮，关闭【创建方里格网】对话框，完成方里格网的相关参数设置。

⑧返回到【数据框属性】对话框，单击【确定】按钮，则完成方里格网设置，出现在地图图面。

图 9-69 【创建方里格网】对话框

图 9-70 【轴和标注】对话框

9.3.4 内图廓线设置

为了图面的完整美观性，可以插入内图廓线，把要输出或者打印的图面围拢在一起，内图廓线就是起这样的作用。具体操作为：

在 ArcMap 主菜单栏，左键单击【插入】→【内图廓线】命令，打开【内图廓线】对话框，根据需要，进行相应设置即可，如图 9-72 所示。

图 9-71 【创建方里格网】对话框设置

图 9-72 【内图廓线】对话框

9.3.5　地图打印输出

（1）地图打印

①分幅打印

a. 在 ArcMap 主菜单栏，左键单击【文件】→【🖨打印】命令，打开【打印】对话框，如图 9-73 所示。

b. 单击【设置】按钮，打开【页面和打印设置】对话框，设置打印机、纸张等相关参数。

c. 单击【将地图平铺到打印机纸张上】单选按钮，选中【全部】单选按钮。

d. 根据需要在【打印份数】微调框输入打印份数。

e. 设置完成后，可以根据需要在 ArcMap 主菜单栏，左键单击【文件】→【打印预览】，查看设置效果。

f. 单击【确定】按钮，提交打印机进行打印。

②地图强制打印

a. 在 ArcMap 主菜单栏，左键单击【文件】→【🖨打印】命令，打开【打印】对话框，如

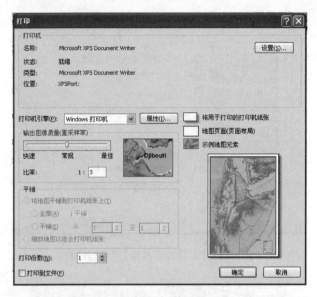

图 9-73 【打印】对话框设置

图 9-73 所示。

  b. 单击【设置】按钮，打开【页面和打印设置】对话框，设置打印机、纸张等相关参数。

  c. 在【平铺】区域，单击【缩放地图以适合打印机纸张】单选按钮。

  d. 选中【打印到文件】复选框。

  e. 单击【确定】按钮，执行上述打印设置，打开【打印到文件】对话框（图 9-74）。

  f. 确定打印文件目录与文件名。

  g. 单击【保存】按钮，生成打印文件。

图 9-74 【打印到文件】对话框

（2）地图导出

设置完成的专题地图，也可以进行转换输出为图片格式，从而脱离 ArcMap 运行环境，

ArcMap 系统提供了 EMF、BMP、EPS、PDF、JPEG、TIFF 等栅格数据格式，具体操作如下：

①在 ArcMap 主菜单栏，左键单击【文件】→【导出地图】命令，打开【导出地图】对话框，如图 9-75 所示。

图 9-75 【导出地图】对话框

②在【导出地图】对话框中，确定输出文件目录、文件类型和文件名称。

③单击【选项】按钮，打开与保存文件类型相对应的文件格式参数设置对话框，进行分辨率等相关参数的设置。

④单击【保存】按钮，输出栅格图形文件。

项目 10　林业专题地图制作应用

　　基于 GIS 制作林业专题地图，是林业生产实际中的一项常见的重要工作，本项目设置 4 个任务，分别为林业基本图制作、森林资源分布专题图制作、林业造林、抚育、采伐等规划设计图制作与防火林带规划设计图制作，通过任务的完成，掌握林业专题制图的基本流程，地图整饰要素的添加，地图的打印输出等，并灵活应用于生产实际。

【学习目标】

　　1. 知识目标

　　(1)能够掌握林业专题制图的方法、内容与流程

　　(2)能够领会各种林业专题制图的原理及其应用

　　2. 技能目标

　　(1)能够进行林业基本图制作

　　(2)能够进行森林资源分布专题图制作

　　(3)能够进行林业造林、抚育、采伐等规划设计图制作

　　(4)能够进行防火林带规划设计图制作

　　(5)能够根据需要，进行各种专题图的制作并灵活应用于生产实际

任务 10.1　林业基本图制作

【任务描述】

　　林业基本图是林业生产实际工作中常用的一种林业专题图，对于林业调查有非常重要的意义。本任务提供九潭工区的各界线层级的图层数据，包括林场、林班、大班与小班的图层数据(∗.shp)，要求制作九潭工区林业基本图，并能根据需要进行相应的线型等的修改调整，灵活应用于生产实际。

【知识准备】

　　林业基本图作为林业专题图，以地形图作为底图，其附在地形图上，与地形图进行视觉信息复合，在林业资源调查等方面发挥了重要作用。林业基本图制作的关键是各种边界的设置、包括如县界、乡镇界等行政边界，还包括各工区界、林班界、大班界、小班界等，通过各种边界不同线型的设置，达到在地图上进行森林区划的目的。在各种线型的设置时，主要关键点在于要解决边界重合的问题，从而达到美观与清楚识别的效果。

【任务实施】

(1)添加数据

启动 ArcMap，添加数据"林场界.shp""林班界.shp""大班界.shp""小班界.shp"(如位于"…\ project10\ 林业基本图制作\ data")。

(2)数据图层初步设置

在 ArcMap 内容列表，左键选中数据图层名称，按住左键上下移动，调整各数据图层顺序，从上到下依次为"林场界.shp"→"林班界.shp"→"大班界.shp"→"小班界.shp"，并利用【符号选择器】把各数据图层的填充颜色设置为"无颜色"，如图 10-1 所示。

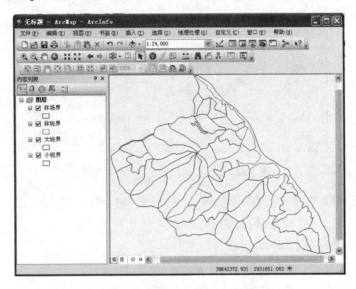

图 10-1　添加各图层数据并调整顺序

(3)页面和打印设置

①在 ArcMap 主菜单栏，左键单击【文件】→【页面和打印设置】，打开【页面和打印设置】对话框，如图 10-2 所示。

②在【页面和打印设置】对话框中，选择所连接的打印机名称；在【纸张】区域，设置纸张大小为"A4"，来源："Automatically Select"，方向选项勾选"横向"；在【地图页面大小】区域，勾选【使用打印机纸张设置】；勾选【在布局上显示打印机页边距】复选框。

③单击【确定】按钮，完成页面设置。

(4)林场界符号设置

①左键单击选中"林场界"下的符号，打开【符号选择器】，在【符号选择器】对话框，左键单击【编辑符号】，打开【符号属性编辑器】对话框(图 10-3)。

②在【符号属性编辑器】对话框，左键单击【轮廓】按钮，打开线的【符号选择器】对话框，在对话框左键单击【编辑符号】，打开【符号属性编辑器】对话框，进行相应设置。

a. 在【属性】列表中，【类型】选择：制图线符号；

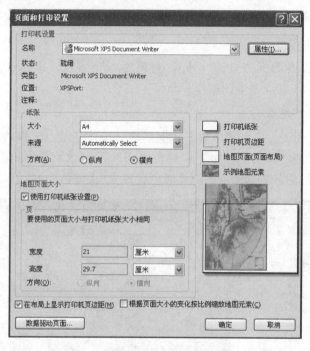

图 10-2 【页面和打印设置】对话框

    b. 选项切换到【制图线】选项卡，设置如下，【颜色】：Quetzel Green(绿色)；【宽度】：2；【线端头】：平端头；【线连接】：圆形。

    c. 选项切换到【模板】选项卡，设置如下：

【间隔】：1；【模板】：▉▉▉▉▉▉▉▉ ▉▉ ▉ ▉ ▉ ▉ ▉ 。

d.【线属性】选项卡：默认。

    e. 单击【确定】按钮，则完成制图线符号设置，如图 10-4 所示。

图 10-3 【符号属性编辑器】对话框

③返回到【符号选择器】对话框，单击【确定】按钮，返回到【符号属性编辑器】对话框。

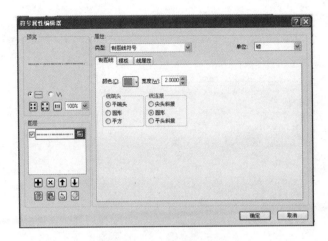

图 10-4　制图线符号编辑结果

④在【符号属性编辑器】对话框进行如下设置：在【图层】区域，左键单击【Add layer】按钮，添加一个新的"简单填充符号"图层，设置如下，颜色：无颜色；轮廓颜色：无颜色；轮廓宽度：2；并调整好图层顺序。制作的轮廓线结果如图 10-5 所示。

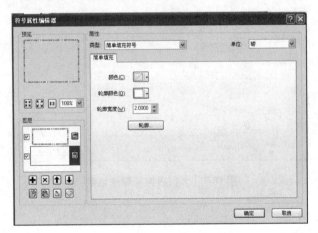

图 10-5　林场界符号制作结果图

● 注意　此处添加新的空白图层的目的是解决各图层界限重叠的问题。

⑤单击【确定】按钮，则完成林场界符号设置，返回到 ArcMap 布局视图中。

（5）林班界符号设置

林班界符号设置操作与林场界的相同，只是根据不同的需求，参数设置与制图线模板等不同而已，同时也要解决界限重合的问题，在此不再赘述，具体参考林场界符号的制作步骤，其制作的符号结果如图 10-6 所示。

（6）大班界符号制作

大班界符号制作也要考虑界限重合的问题，其制作结果如图 10-7 所示。

图 10-6　林班界符号设置结果

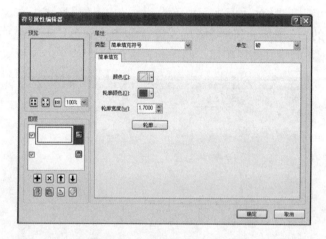

图 10-7　大班界符号制作结果

（7）小班界符号制作

小班界符号制作不需要考虑边界重合的问题，其制作结果如图 10-8 所示。

（8）添加标注

双击各数据图层名称，分别为各数据图层添加标注，林班界添加标注"林班号"，大班界添加标注"大班号"，小班界添加标注"小班号"，具体操作参考"任务 9.2　地图标注与注记→ 9.2.1　地图标注→（1）单一标注"。

（9）添加修饰要素，进行地图整饰

在 ArcMap 菜单栏，左键单击【视图】→【布局视图】，进入布局视图页面，利用【插入】下拉菜单，分别添加图名、指北针、比例尺、图例等修饰要素，具体操作参考"任务 9.3　林业专题地图制图与输出→9.3.2　专题地图整饰操作"。

①在 ArcMap 主菜单栏，左键单击【视图】→【布局视图】，进行图面整饰操作。

②在 ArcMap 主菜单栏，左键单击【插入】→【文本】，确定图名为"九潭工区林业基本

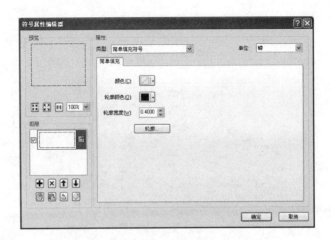

图 10-8　小班界符号制作结果

图"。双击文本框,打开【属性】对话框,左键单击【更改符号】按钮,打开【符号选择器】对话框,设置字体:宋体,大小:28、加粗,颜色:黑色。并拖动文本框到图面适当位置。

③在 ArcMap 主菜单栏,左键单击【插入】→【指北针】,打开【指北针选择器】对话框,选择指北针类型:ESRI North 7。左键单击【属性】按钮,打开【指北针】对话框,设置指北针大小:120,颜色:黑色,旋转角度:0。并拖动指北针到图面适当位置。

④在 ArcMap 主菜单栏,左键单击【插入】→【图例】,打开【图例向导】对话框,按照对话框提示,单击【下一步】按钮,进行相应设置,并拖动图例到图面适当位置。。

⑤左键单击【插入】→【比例文本】,打开【比例文本选择器】对话框,选择数字比例尺类型:Absolute Scale;单击【属性】按钮,打开【比例文本】对话框,设置数字比例尺格式,包括大小:36,字体名称:Arial,颜色:Black 等。

(10)插入图框与绘制公里格网

①插入图框　在 ArcMap 主菜单栏,左键单击【插入】→【内图廓线】,打开【内图廓线】对话框,在【放置】区域:左键单击选择【在页边距之内放置】,间距:10.0,圆角:0;设置【边框】:0.5 Point,设置【背景】:无,设置【下拉阴影】:无。

②插入公里格网　在此处林业基本图的制作,只是插入图框内图廓线,不绘制公里格网,如果需要绘制,具体操作参考"任务 9.3　林业专题地图制图与输出→ 9.3.3　绘制坐标格网"。

(11)保存、导出地图

①在 ArcMap 菜单栏,左键单击【文件】→【保存】按钮,设置保存路径与文件名称,则所有的制图内容都保存在地图文档中(如位于"… \　project10 \　林业基本图制作 \ result"),下次可以直接打开调用。

②在 ArcMap 菜单栏,左键单击【文件】→【导出地图】按钮,打开【导出地图】对话框,设置保存路径与文件名称、类型,【保存在】位置为"… \　project10 \　林业基本图制作 \ result",【保存类型】为"JPEG",【文件名称】为"九潭工区林业基本图"。

③单击【选项】按钮,在文件格式参数设置对话框中设置输出图形分辨率为"300";单

击【保存】按钮，输出栅格图形文件，结果如图 10-9 所示。

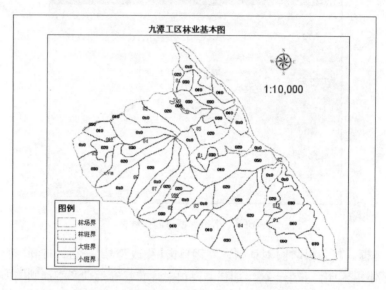

图 10-9　九潭工区林业基本图

● 注意　●在制作林业基本图时，也可以插入公里格网，具体操作参考"任务 9.3
林业专题地图制图与输出→9.3.3　绘制坐标格网"。

●在生产实际中，也可以添加地形图作为底图，进行视觉信息复合分析，有利于丰富
信息量及形象表达。

●可根据设置好的页面，或者重新修改设置页面，直接打印。

任务 10.2　森林资源分布专题图制作

【任务描述】

林业基本图是林业生产实际工作中常用的一种林业专题图，更直观形象地描述区域森
林资源信息。本任务提供九潭工区小班图层数据（ * . shp），要求制作森林资源分布专题
图，并能根据需要进行相应图色等的修改调整，灵活应用于生产实际。

【知识准备】

森林资源分布专题图是林业生产实际工作中经常要用到的一种林业专题图，其对区域
森林资源分布有更形象直观的描述，通过不同的颜色表示不同小班的不同树种分布，从而
达到美观与清楚识别的效果，对于区域森林资源分布的信息掌握有更生动的认识。

【任务实施】

（1）启动 ArcMap，添加数据"九潭工区 . shp"（如位于"… \ project10 \ 森林资源分布
专题图制作 \ data"）。

（2）页面和打印设置

①在 ArcMap 主菜单栏，左键单击【文件】→【页面和打印设置】，打开【页面和打印设

置】对话框。

②在【页面和打印设置】对话框中，选择所连接的打印机名称；在【纸张】区域，设置纸张大小为"A4"，来源："Automatically Select"，方向选项勾选"纵向"；在【地图页面大小】区域，勾选【使用打印机纸张设置】；勾选【在布局上显示打印机页边距】复选框。

③单击【确定】按钮，完成页面设置。

（3）在 ArcMap 内容列表窗口，双击数据名称"九潭工区"，打开【图层属性】对话框。左键单击【符号系统】标签，切换到【符号系统】选项卡，在【显示】列表框中，左键单击【类别】→【唯一值】，进入【唯一值】形式。

（4）设置对话框，如图 10-10 所示。

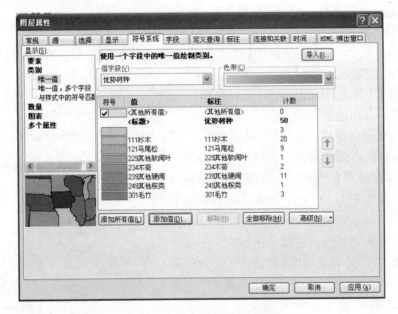

图 10-10　唯一值定性符号设置

①在【值字段】下拉列表框，选择字段"优势树种"。

②单击【添加所有值】按钮，则"优势树种"字段值全部列出。

③单击【色带】区域下拉列表框，根据需要选择合适的色带，也可以直接双击【符号】列表下的每一个字段对应的符号，打开【符号选择器】对话框直接修改每一符号的属性。

④不勾选"＜其他所有值＞"。

（5）单击【确定】按钮，完成唯一值定性符号设置，返回到 ArcMap 数据视图。

（6）在 ArcMap 菜单，左键单击【视图】→【布局视图】，进入布局视图页面。

（7）在布局视图进行地图整饰操作。

①在 ArcMap 主菜单栏，左键单击【插入】→【文本】，确定图名为"九潭工区采伐规划设计专题图"。双击文本框，打开【属性】对话框，左键单击【更改符号】按钮，打开【符号选择器】对话框，设置字体：宋体，大小：28，加粗，颜色：黑色。并拖动文本框到图面适当位置。

②在 ArcMap 主菜单栏，左键单击【插入】→【指北针】，打开【指北针选择器】对话框，

选择指北针类型：ESRI North 12。左键单击【属性】按钮，打开【指北针】对话框，设置指北针大小：96，颜色：黑色。并拖动指北针到图面适当位置。

③在 ArcMap 主菜单栏，左键单击【插入】→【图例】，打开【图例向导】对话框，按照对话框提示，单击【下一步】按钮，进行相应设置，并拖动图例到图面适当位置。。

④在 ArcMap 主菜单栏，左键单击【插入】→【比例尺】，打开【比例尺选择器】对话框，选择图形比例尺类型为"Alternating Scale Bar 1"，左键单击【属性】按钮，打开【比例尺】对话框，并进行其相关参数设置。

⑤左键单击【插入】→【比例文本】，打开【比例文本选择器】对话框，选择数字比例尺类型：Absolute Scale；单击【属性】按钮，打开【比例文本】对话框，设置数字比例尺格式，包括大小：36，字体名称：Arial，颜色：Black 等。

（8）插入图框

在 ArcMap 主菜单栏，左键单击【插入】→【内图廓线】，打开【内图廓线】对话框，在【放置】区域：左键单击选择【在页边距之内放置】，间距：10.0，圆角：0；设置【边框】：1.5 Point，设置【背景】：无，设置【下拉阴影】：无。

（9）保存、导出地图

①在 ArcMap 菜单栏，左键单击【文件】→【保存】按钮，设置保存路径与文件名称，则所有的制图内容都保存在地图文档中，文件名称："森林分布图.mxd"（如位于"…\ project10\ 森林资源分布专题图制作\ result"），下次可以直接打开调用。

②在 ArcMap 菜单栏，左键单击【文件】→【导出地图】按钮，打开【导出地图】对话框，设置保存路径与文件名称、类型，【保存在】位置为"…\ project10\ 森林资源分布专题图制作\ result"，【保存类型】"JPEG"，【文件名称】"森林分布图"。

③单击【选项】按钮，在文件格式参数设置对话框中设置输出图形分辨率为"300"；单击【保存】按钮，输出栅格图形文件，结果如图 10-11 所示。

● 注意 ● 在制作森林资源分布专题图时，也可以插入公里格网，具体操作参考"任务 9.3 林业专题地图制图与输出 → 9.3.3 绘制坐标格网"。

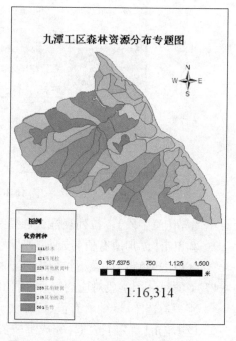

图 10-11 九潭工区森林资源分布专题图

• 可根据设置好的页面，或者重新修改设置页面，直接打印。

任务10.3 林业造林、抚育、采伐等规划设计图制作

【任务描述】

林业造林、抚育、采伐等规划设计图是林业生产实际工作中常用的一种林业专题图，

对于区域森林资源的采伐、抚育与迹地恢复等规划设计有更直观形象的描述。本任务提供九潭工区小班图层数据(∗. shp),要求制作某若干小班的采伐规划设计专题图,并能根据需要进行相应图色等的修改调整,灵活应用于生产实际。

【知识准备】

林业造林、抚育、采伐等规划设计图通过不同的图斑填充表示不同小班的不同规划设计,从而达到美观与清楚识别的效果,对于区域森林资源的规划设计有更生动的认识。进行森林资源规划设计专题图制作的关键是规划设计小班的提取与导出工作。

【任务实施】

对于森林资源规划设计专题图制作,有造林、抚育、采伐等各种规划设计图,其制作原理与操作相同,本任务以采伐规划设计图为例进行操作。

(1)添加数据

启动 ArcMap,添加数据"九潭工区. shp",(位于"… \ project10 \ 林业造林、抚育、采伐等规划设计图制作 \ data")。

(2)图层初步设置

①在 ArcMap 内容列表,单击"九潭工区"名称下的符号,打开【符号选择器】对话框。设置【填充颜色】为:无颜色,【轮廓宽度】为:1,【轮廓颜色】为:Black。

②单击【确定】按钮,完成图层的初步设置。

(3)添加标注

双击图层名称"九潭工区",打开【图层属性】对话框,切换到【标注】选项卡。

①在【文本字符串】区域,【标注字段】下拉列表框,选择字段"小班号"。

②在【文本符号】区域,设置字体类型:宋体,颜色:Black,大小:10。

③在【方法】下拉列表框,选择"以相同方式为所有要素加标注"。

④勾选"标注此图层中的要素"复选框。

⑤单击【确定】按钮,则标注完成,返回到 ArcMap 数据视图中。

⑥在【内容列表】窗口,右键单击【图层】图标 ▣ ◈ **图层** ,在弹出的快捷菜单中,左键单击选择【参考比例】→【设置参考比例】,则标注会随着地图比例尺的变化而变化,达到最佳显示效果。

(4)提取采伐小班

①在 ArcMap 工具栏,左键单击【通过矩形选择要素】图标 ▨ ,选择要进行采伐的小班。

● 注意 在此处提取小班有很多种方式,具体参考"任务 5.5 空间数据查询→5.5.1 查询图形数据"。

②在 ArcMap【内容列表】窗口,右键单击"九潭工区"名称,在弹出的下拉快捷菜单中,左键单击选择【数据】→【导出数据】,弹出【导出数据】对话框,如图 10-12 所示。

a. 在【导出】下拉列表框中选择:"所选要素"。

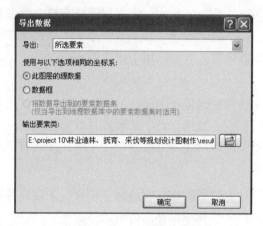

图 10-12 【导出数据】对话框

b. 在【使用与以下选项相同的坐标系】区域，左键单击选择"此图层的源数据"。

c. 在【输出要素类】区域，左键单击【浏览】图标 ，打开【保存数据】对话框。确定文件名称为：采伐小班 . shp，保存类型为：shapefile，保存位置为："… \ project10 \ 林业造林、抚育、采伐等规划设计图制作 \ result"。

d. 单击【保存】按钮，返回到【导出数据】对话框。

e. 单击【确定】按钮，弹出【是否要将导出的数据添加到地图图层中？】询问对话框（图 10-13），单击【是】按钮，则新提取出的小班出现在数据视图，如图 10-14 所示。

图 10-13 【ArcMap】对话框

（5）采伐小班图层设置

①在 ArcMap【内容列表】窗口，左键单击"采伐小班"名称下的符号，弹出【符号选择器】对话框，设置【填充颜色】为：无颜色，【轮廓宽度】为：2，【轮廓颜色】为：Mars Red。

②左键单击【编辑符号】按钮，打开【符号属性编辑器】对话框，在【类型】下拉列表中选择：线填充符号，【颜色】为 Mars Red，【角度】：45，【偏移】：0，【间隔】：5，如图 10-15所示。

● 注意　此处还可以单击【线】或【轮廓】按钮，进一步设置相关参数。

③单击【确定】按钮，返回【符号选择器】对话框。

④【符号选择器】对话框，单击【确定】按钮，返回数据视图，则采伐小班的设置显示在图面中。

（6）页面和打印设置

①在 ArcMap 主菜单栏，左键单击【文件】→【页面和打印设置】，打开【页面和打印设置】对话框。

②在【页面和打印设置】对话框中，选择所连接的打印机名称；在【纸张】区域，设置纸张大小为"A4"，来源："Automatically Select"，方向选项勾选"纵向"；在【地图页面大小】区域，勾选【使用打印机纸张设置】；勾选【在布局上显示打印机页边距】复选框。

③单击【确定】按钮，完成页面设置。

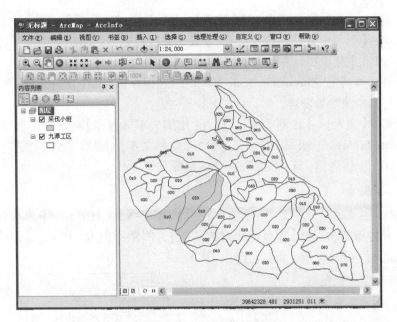

图 10-14　提取采伐小班

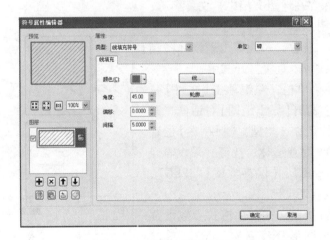

图 10-15　采伐小班填充设置

（7）图面整饰

①在 ArcMap 主菜单栏，左键单击【视图】→【布局视图】，进行图面整饰操作。

②在 ArcMap 主菜单栏，左键单击【插入】→【文本】，确定图名为"九潭工区采伐规划设计专题图"。双击文本框，打开【属性】对话框，左键单击【更改符号】按钮，打开【符号选择器】对话框，设置字体：宋体，大小：28，加粗，颜色：黑色。并拖动文本框到图面适当位置。

③在 ArcMap 主菜单栏，左键单击【插入】→【指北针】，打开【指北针选择器】对话框，选择指北针类型：ESRI North 12。左键单击【属性】按钮，打开【指北针】对话框，设置指北针大小：96，颜色：黑色。并拖动指北针到图面适当位置。

④在 ArcMap 主菜单栏，左键单击【插入】→【图例】，打开【图例向导】对话框，按照对话框提示，单击【下一步】按钮，进行相应设置，并拖动图例到图面适当位置。

⑤在 ArcMap 主菜单栏，左键单击【插入】→【比例尺】，打开【比例尺选择器】对话框，选择图形比例尺类型为"Alternating Scale Bar 1"，左键单击【属性】按钮，打开【比例尺】对话框，并进行其相关参数设置。

⑥左键单击【插入】→【比例文本】，打开【比例文本选择器】对话框，选择数字比例尺类型：Absolute Scale；单击【属性】按钮，打开【比例文本】对话框，设置数字比例尺格式，包括大小：36，字体名称：Arial，颜色：Black 等。

（8）插入图框

在 ArcMap 主菜单栏，左键单击【插入】→【内图廓线】，打开【内图廓线】对话框，在【放置】区域：左键单击选择【在页边距之内放置】，间距：10.0，圆角：0；设置【边框】：1.5 Point，设置【背景】：无，设置【下拉阴影】：无。

（9）保存、导出地图

①在 ArcMap 菜单栏，左键单击【文件】→【保存】按钮，设置保存路径与文件名称，则所有的制图内容都保存在地图文档中，文件名称："采伐规划设计图 . mxd"（如位于"… \ project10 \ 林业造林、抚育、采伐等规划设计图制作 \ result"），下次可以直接打开调用。

②在 ArcMap 菜单栏，左键单击【文件】→【导出地图】按钮，打开【导出地图】对话框，设置保存路径与文件名称、类型，【保存在】位置为"… \ project10 \ 林业造林、抚育、采伐等规划设计图制作 \ result"，【保存类型】"JPEG"，【文件名称】"采伐规划设计图"。

③单击【选项】按钮，在文件格式参数设置对话框中设置输出图形分辨率为"300"；单击【保存】按钮，输出栅格图形文件，结果如图10-16 所示。

● 注意 • 在制作采伐、抚育、造林等规划设计专题图时，也可以插入公里格网，具体操作参考"任务9.3 林业专题地图制图与输出→9.3.3 绘制坐标格网"。

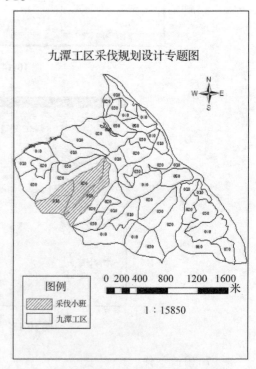

图 10-16 九潭工区采伐规划设计专题图

• 在生产实际中，也可以添加地形图作为底图，进行视觉信息复合分析，有利于信息量的丰富及形象表达。

• 可根据设置好的页面，或者重新修改设置页面，直接打印。

任务 10.4　防火林带规划设计图制作

【任务描述】

防火林带规划设计图是林业生产实际工作中常用的一种林业专题图，对于区域森林资源的防火保护等规划设计有更直观形象的描述。本任务提供九潭工区小班图层数据（∗.shp），要求制作某防火林带规划设计专题图，并能根据需要进行相应线型、线色等的修改调整，灵活应用于生产实际。

【知识准备】

防火林带规划设计图通过设置缓冲区域，用不同类型的线来表达防火林带的设计，从而达到美观与清楚识别的效果，对于区域森林资源的防火规划设计有一更生动的认识。进行防火林带规划设计图制作的关键是防火林带线图层的制作。

【任务实施】

（1）添加数据

启动 ArcMap，添加数据"九潭工区.shp"，（位于"…\　project10\　防火林带规划设计图制作\ data"）。

（2）图层初步设置

（1）在 ArcMap 内容列表，单击"九潭工区"名称下的符号，打开【符号选择器】对话框。①设置【填充颜色】为：无颜色，【轮廓宽度】为：1，【轮廓颜色】为：Black。

②单击【确定】按钮，完成图层的初步设置。

（3）添加标注

双击图层名称"九潭工区"，打开【图层属性】对话框，切换到【标注】选项卡。

①在【文本字符串】区域，【标注字段】下拉列表框，选择字段"小班号"。

②在【文本符号】区域，设置字体类型：宋体，颜色：Black，大小：10。

③在【方法】下拉列表框，选择"以相同方式为所有要素加标注"。

④勾选"标注此图层中的要素"复选框。

⑤单击【确定】按钮，则标注完成，返回到 ArcMap 数据视图中。

⑥在【内容列表】窗口，右键单击【图层】图标 ⊟ 🗇 **图层**　，在弹出的快捷菜单中，左键单击选择【参考比例】→【设置参考比例】，则标注会随着随着地图比例尺的变化而变化，达到最佳显示效果。

（4）创建"防火林带.shp"文件

①在 ArcMap 工具栏，左键单击【目录窗口】图标🗔，打开【目录】窗口。

②在【目录】窗口，左键单击【连接到文件夹】图标🗀，打开【连接到文件夹】对话框，查找路径，浏览文件，单击【确定】按钮，设置放置"防火林带.shp"的文件，如位于"…\ project10\　防火林带规划设计图制作\ result"。

③在【目录】窗口，双击【文件夹连接】图标  **文件夹连接**，找到"…\ project10 \ 防火林带规划设计图制作 \ result"文件，右键单击，弹出下拉快捷菜单，左键单击【新建】→【Shapefile】命令，打开【创建新 Shapefile】对话框。

④设置【创建新 Shapefile】对话框，如图 10-17 所示。

a. 在【名称】栏输入文件名称：防火林带。

b. 在【要素类型】下拉列表框选择：折线(Polyline)。

c. 在【空间参考】区域，单击【编辑】按钮，打开【空间参考属性】对话框，设置投影坐标系统：Name：Beijing_ 1954_ 3_ Degree_ GK_ Zone_ 39。

⑤单击【确定】按钮，关闭【创建新 Shapefile】对话框，完成创建"防火林带 . shp"文件工作。

(5)"防火林带 . shp"编辑

①在 ArcMap 菜单栏，左键单击【自定义】→【工具条】→【编辑器】，打开【编辑器】工具条。

②【编辑器】工具条，左键单击【编辑器】→【开始编辑】命令，打开【开始编辑】对话框，选择"防火林带"，单击【确定】按钮，则激活"防火林带 . shp"编辑，进入编辑状态。

③编辑防火林带

a. 在【编辑器】工具条，左键单击【追踪】工具图标 ，寻找交点，在起点处，左键单击，自动追踪边至终点处，鼠标双击即可完成线的追踪，建立一新线。

b. 左键单击"防火林带"名称下的符号，打开【符号选择器】对话框。设置【颜色】为：Ultra Blue，【宽度】为：0.50。

图 10-17　创建"防火林带 . shp"文件

c. 单击【确定】按钮，完成新线的设置。

④创建防火林带缓冲区

防火林带缓冲区的创建方法有两种，一种为利用缓冲，一种为平行复制。

a. 在【编辑器】工具条，左键单击【编辑工具】图标 ，单击选中要建立缓冲区的线，在菜单栏左键单击【编辑器】→【缓冲】命令，打开【缓冲】对话框。

单击【模板】按钮，选择"防火林带"，设置【距离】：15，如图 10-18 所示。

单击【确定】按钮，【缓冲】设置完成。

b. 在【编辑器】工具条，左键单击【编辑工具】图标 ，单击选中要建立缓冲区的线，在菜单栏左键单击【编辑器】→【平行复制】命令，打开【平行复制】对话框。

单击【模板】按钮，选择"防火林带"，设置【距离】：15，在【侧】下拉列表框选择：双向，【拐角】选择：斜接角，勾选【移除自相交环】复选框，如图 10-19 所示。

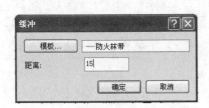

图 10-18　防火林带缓冲区设置　　　　图 10-19　【平行复制】对话框

单击【确定】按钮，【平行复制】设置完成。

（6）页面和打印设置

①在 ArcMap 主菜单栏，左键单击【文件】→【页面和打印设置】，打开【页面和打印设置】对话框。

②在【页面和打印设置】对话框中，选择所连接的打印机名称；在【纸张】区域，设置纸张大小为"A4"，来源："Automatically Select"，方向选项勾选"纵向"；在【地图页面大小】区域，勾选【使用打印机纸张设置】；勾选【在布局上显示打印机页边距】复选框。

③单击【确定】按钮，完成页面设置。

（7）图面整饰

①在 ArcMap 主菜单栏，左键单击【视图】→【布局视图】，进行图面整饰操作。

②在 ArcMap 主菜单栏，左键单击【插入】→【文本】，确定图名为"九潭工区防火林带规划设计图"。双击文本框，打开【属性】对话框，左键单击【更改符号】按钮，打开【符号选择器】对话框，设置字体：宋体，大小：28，加粗，颜色：黑色。并拖动文本框到图面适当位置。

③在 ArcMap 主菜单栏，左键单击【插入】→【指北针】，打开【指北针选择器】对话框，选择指北针类型：ESRI North 12。左键单击【属性】按钮，打开【指北针】对话框，设置指北针大小：96，颜色：黑色。并拖动指北针到图面适当位置。

④在 ArcMap 主菜单栏，左键单击【插入】→【图例】，打开【图例向导】对话框，按照对话框提示，单击【下一步】按钮，进行相应设置，并拖动图例到图面适当位置。。

⑤在 ArcMap 主菜单栏，左键单击【插入】→【比例尺】，打开【比例尺选择器】对话框，选择图形比例尺类型为"Alternating Scale Bar 1"，左键单击【属性】按钮，打开【比例尺】对话框，并进行其相关参数设置。

⑥左键单击【插入】→【比例文本】，打开【比例文本选择器】对话框，选择数字比例尺类型：Absolute Scale；单击【属性】按钮，打开【比例文本】对话框，设置数字比例尺格式，包括大小：36，字体名称：Arial，颜色：Black 等。

（8）插入图框

在 ArcMap 主菜单栏，左键单击【插入】→【内图廓线】，打开【内图廓线】对话框，在

【放置】区域：左键单击选择【在页边距之内放置】，间距：10.0，圆角：0；设置【边框】：1.5 Point，设置【背景】：无，设置【下拉阴影】：无。

（9）保存、导出地图

①在 ArcMap 菜单栏，左键单击【文件】→【保存】按钮，设置保存路径与文件名称，则所有的制图内容都保存在地图文档中，文件名称："防火林带规划设计图.mxd"（如位于"…\ project10 \ 防火林带规划设计图制作 \ result"），下次可以直接打开调用。

②在 ArcMap 菜单栏，左键单击【文件】→【导出地图】按钮，打开【导出地图】对话框，设置保存路径与文件名称、类型，【保存在】位置为"…\ project10 \ 防火林带规划设计图制作 \ result"，【保存类型】"JPEG"，【文件名称】"防火林带规划设计图"。

③单击【选项】按钮，在文件格式参数设置对话框中设置输出图形分辨率为"300"；单击【保存】按钮，输出栅格图形文件(图 10-20)。

● 注意 •在制作防火林带等规划设计专题图时，也可以插入公里格网，具体操作可参考"任务 9.3　林业专题地图制图与输出→9.3.3　绘制坐标格网"。

•在生产实际中，也可以添加地形图作为底图，进行视觉信息复合分析，有利于信息量的丰富及形象表达。

•可根据设置好的页面，或者重新修改设置页面，直接打印。

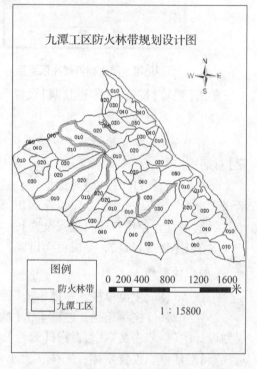

图 10-20　九潭工区防火林带规划设计图

【学习资源库】

1. www. 3s001. com　地信网

2. http：//3ssky. com/ 遥感测绘网

3. http：//www. gisrorum. net　地理信息论坛

4. http：//training. esrichina – bj. cn/ESRI　中国社区

5. http：//www. youku. com ArcGIS10　视频教程专辑

6. http：//wenku. baidu. com/　百度文库

7. http：//www. gissky. net/　GIS 空间站

单元四
林业 GIS 数据与其他数据转换及应用

    ArcGIS 作为独一无二的空间数据库，拥有强大的海量数据处理能力，并具有一定的数据兼容性。本单元为一实践应用型模块，包括 1 个项目，4 个任务，主要介绍了 ArcGIS 在林业资源信息管理的应用中，比较常见的与其他类型的数据的转换、兼容与应用操作。

项目 11 林业 GIS 数据与其他数据转换应用

GIS 作为独一无二的空间数据库，具有海量数据处理能力，在林业森林资源数据管理中发挥了非常大的作用。在实际工作中，不可避免地接触一些其他类型的数据，如征，占用林地测绘得到的 AutoCAD 数据、GPS 测量数据及其他相关 GIS 软件的数据等，在应用这些数据时，一般是转到 ArcGIS 中处理，为了更好地应用这些数据，就需进行数据的转换工作。本项目即基于此，共包含 4 个任务：AutoCAD 数据在 ArcGIS 中应用、ViewGIS 数据与 ArcGIS 数据转换、GPS 数据在 ArcGIS 中应用、地形图图幅号查询等，任务的内容是在林业生产实际工作中经常碰到的。通过任务的完成，要求学生掌握常见的数据转换工作内容，领会其应用，掌握其操作并灵活应用于生产实际，使各种类型的数据能够更好地应用到生产实际中。

【学习目标】

1. 知识目标

(1)能够掌握常见的林业 GIS 数据转换的内容

(2)能够领会各种林业 GIS 数据转换的原理及其应用

2. 技能目标

(1)能够进行 AutoCAD 数据转换为 ArcGIS 数据的工作

(2)能够进行 ViewGIS 数据与 ArcGIS 数据转换的工作

(3)能够很好地把 GPS 数据应用到 ArcGIS 中

(4)能够进行地形图图幅号查询工作

(5)能够根据不同的情况，选择合适的方法，灵活进行数据转换处理工作

(6)能够领会各种数据转换处理，具备基于 GIS 进行森林资源数据转换处理及管理工作的基本业务素质

任务 11.1 AutoCAD 数据在 ArcGIS 中应用

【任务描述】

AutoCAD 数据是测绘工作中的常用数据，在森林资源经营管理工作中，会有征、占用林地的情况，经过测绘得到的数据类型便是 AutoCAD 数据，但是 AutoCAD 数据不是 ArcGIS 的数据类型，所以为了更好地应用测绘数据，需要将 AutoCAD 数据转换到 ArcGIS 中。本任务即基于此，提供 AutoCAD 数据(面积图.dwg)，要求将此图转换为 ArcGIS 的数据类型(* .shp)。通过本任务完成，掌握 AutoCAD 数据在 ArcGIS 中的应用，并能独立进行数据转换的操作工作，灵活应用于生产实际。

【知识准备】

计算机辅助设计（CAD）是专业设计人员设计和记录实物时所使用的硬件和软件系统。目前，AutoCAD 和 MicroStation 是两个使用最为广泛的通用 CAD 平台。这两个系统适合各种各样的应用。涉及工程、架构、测绘和建筑行业的组织可使用这些软件来提供各种服务。

CAD 系统可生成数字化数据。CAD 数据的用途广泛，从作为工程图打印或作为法律文档提交的设计计划，到持续进行的完成信息的资料档案库。数据集的大小、比例和细节层次各异；它们既可表示采用某投影比例的建筑物内部的信息，也可表示投影格网区域内采用某区域比例的测量地籍图。AutoCAD 和 MicroStation 均采用基于专有文件的矢量格式。它们都可支持 2D 和 3D 信息。DWG 格式是用于创建和共享 CAD 数据最为普遍的格式。

在 ArcGIS for Desktop 中连接到 AutoCAD 或 MicroStation CAD 文件时，工程图将动态转换到内存中并以只读要素数据集的方式进行组织。文件中包含的几何和注记连同支持信息（如属性值和元数据）一起映射到 ArcGIS 中的类似数据结构中并显示为 GIS 简单要素。

CAD 要素数据集是存储在磁盘上的 CAD 工程图的 GIS 制图表达。CAD 数据以外的必要地理空间信息将通过常用 ArcGIS 工具和辅助文件链接到数据集。

所有 CAD 要素数据集均支持以下组成部分：带有属性表的要素类、空间参考（可选）、地理配准信息（可选）、GIS 元数据（可选）。

【任务实施】

11.1.1 AutoCAD 数据转换为 ArcGIS 线图层数据（∗.shp）

（1）启动 ArcMap，查找路径（如位于"…\ project11 \ AutoCAD 数据在 ArcGIS 中应用 \ data"），浏览文件，添加 AutoCAD 数据"面积图.dwg"，如图 11-1 所示。

● 注意　在添加数据时，要把所有数据类型都添加进来。

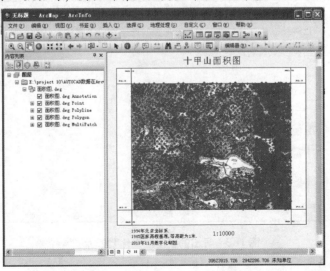

图 11-1　添加的 AutoCAD 数据"面积图.dwg"

(2)在 ArcMap【内容列表】窗口，右键单击选中要导出转换的图层数据"面积图 . dwg Polyline"，弹出下拉菜单，左键单击选中【数据】→【导出数据】命令，打开【导出数据】对话框。

(3)填写【导出数据】对话框。在【导出】下拉列表选择：所有要素；在【输出要素类】，设置输出路径"⋯ \ project11 \ AutoCAD 数据在 ArcGIS 中应用 \ result \ 线"，确定文件名称与类型"线0. shp"，如图 11-2 所示。

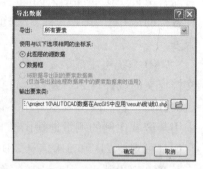

(4)单击【确定】按钮，则导出数据。导出数据完成后，系统会提示"是否把导出数据添加到地图图层中"，选择是，则把导出的"线0. shp"添加到地图。

(5)在 ArcMap 窗口，左键单击【编辑器工具条】图标 ，加载【编辑器】工具。

图 11-2　【导出数据】对话框

(6)左键单击【编辑器】→【开始编辑】命令，选中"线0"图层，使其处于可编辑状态。

(7)在 ArcMap 数据视图中，在"线0"图层数据视图中，左键单击要导出的线要素。

(8)ArcMap【内容列表】窗口，右键单击选中"线0"名称，弹出下拉菜单，左键单击选中【数据】→【导出数据】命令，打开【导出数据】对话框。

(9)填写【导出数据】对话框。在【导出】下拉列表选择：所选要素；在【输出要素类】，设置输出路径"⋯ \ project11 \ AutoCAD 数据在 ArcGIS 中应用 \ result \ 线 \ 线"，确定文件名称与类型"线 . shp"。

● 注意　此处保存输出数据时，所存放路径要放在原先"线0. shp"文件的下一级文件中，不能两者同时并列存在。

(10)单击【确定】按钮，则完成导出数据，如图 11-3 所示。

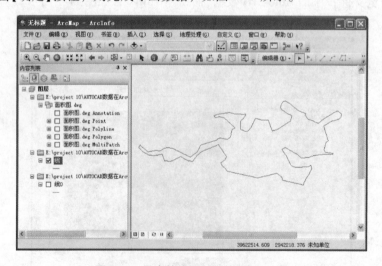

图 11-3　导出的线图层文件"线 . shp"

11.1.2 AutoCAD 数据转换为 ArcGIS 面图层数据(∗.shp)

(1)AutoCAD 数据直接转换为 ArcGIS 面图层数据(∗.shp)

①启动 ArcMap,查找路径(如位于"…\project11\ AutoCAD 数据在 ArcGIS 中应用\data"),浏览文件,添加 AutoCAD 数据"面积图.dwg"。

②在 ArcMap【内容列表】窗口,右键单击选中要导出转换的图层数据"面积图.dwg Polygon",弹出下拉菜单,左键单击【数据】→【导出数据】命令,打开【导出数据】对话框。

③填写【导出数据】对话框。在【导出】下拉列表选择:所有要素;在【输出要素类】,设置输出路径"…\project11\ AutoCAD 数据在 ArcGIS 中应用\result\面",确定文件名称与类型"面0.shp"。

④单击【确定】按钮,则导出数据。导出数据完成后,系统会提示"是否把导出数据添加到地图图层中",选择是,则把导出的"面0.shp"添加到地图,如图 11-4 所示。

图 11-4 导出的"面0.shp"

⑤在 ArcMap 窗口,左键单击【编辑器工具条】图标 ![icon]，加载【编辑器】工具。

⑥左键单击【编辑器】→【开始编辑】命令,选中"面0"图层,使其处于可编辑状态。

⑦在 ArcMap 数据视图中,在"面0"图层数据视图中,左键单击要导出的面要素。

⑧ArcMap【内容列表】窗口,右键单击选中"面0"名称,弹出下拉菜单,左键单击选中【数据】→【导出数据】命令,打开【导出数据】对话框。

⑨填写【导出数据】对话框。在【导出】下拉列表选择:所选要素;在【输出要素类】,设置输出路径"…\project11\ AutoCAD 数据在 ArcGIS 中应用\result\面\面",确定文件名称与类型"面.shp"。

⑩单击【确定】按钮,则完成导出面数据,如图 11-5 所示。

(2)AutoCAD 数据不直接转换为 ArcGIS 面图层数据(∗.shp)

对于 AutoCAD 数据转换为 ArcGIS 面图层数据(∗.shp),除直接转换外,有时还可先把 AutoCAD 数据转换为 ArcGIS 线图层数据(∗.shp),再把线图层数据转换为面图层数据,具体操作如下:

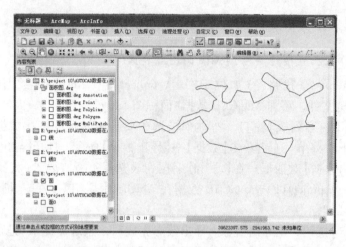

图 11-5　导出的面图层数据"面.shp"

①加载 AutoCAD 数据"面积图.dwg"，并转换导出线图层数据文件"线.shp"。具体操作参考"11.1.1 AutoCAD 数据转换为 ArcGIS 线图层数据（*.shp）"。

②在 ArcMap 数据视图中，添加线图层数据文件"线.shp"。

③打开 ArcToolbox 窗口，在菜单列表，左键双击【数据管理工具】→【要素】→【要素转面】，打开【要素转面】对话框。

④设置【要素转面】对话框，如图 11-6 所示。在【输入要素】下拉列表中选择"线.shp"，则"线.shp"文件添加到列表中。

⑤单击【确定】按钮，则线文件转换为面文件，如图 11-7 所示。

图 11-6　【要素转面】对话框

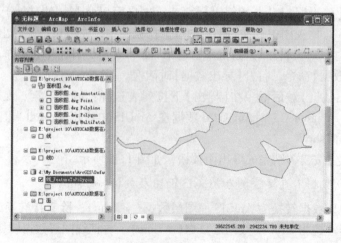

图 11-7　线转换为的面文件"线 – FeatureTopolygon"

11.1.3 转换数据的应用

数据转换完成之后，可根据需要进行编辑处理操作。如添加地形图进行折点编辑、修边处理等；添加小班矢量图，进行小班图形数据的裁剪、面积重新计算（属性表→计算几何）编辑处理等，应用于生产实际。

任务 11.2 ViewGIS 数据与 ArcGIS 数据转换

【任务描述】

由于 GIS 海量数据处理能力，因此在各行各业应用比较广泛，所以出现很多 GIS 软件。由于不同 GIS 软件的数据组织形式不同，所以各自的数据格式就不相同，也就是常说的 GIS 数据标准不统一在实际中的反映。如此，就给用户带来很大的不便，为更好地应用数据，就需要进行各 GIS 软件之间的数据转换工作。本任务即基于此，设置 ViewGIS 数据与 ArcGIS 数据的转换工作任务，提供了栅格数据（G - 50 - 57 - (39). lay）与矢量数据（九潭工区. lay），要求把数据转换为 ArcGIS 的数据格式。通过本任务完成，掌握各 GIS 软件之间的数据转换，能够独立进行操作，并灵活应用于生产实际。

【知识准备】

（1）ViewGIS 数据格式

不论是矢量数据还是栅格数据，在 ViewGIS 中都存为（ * . lay）格式文件。

（2）ArcGIS 数据格式

①对于矢量数据，ArcGIS 的数据存储有 E00、Coverage 、Shapefile 和 Geodatabase 等格式。

a. E00：后缀为 E00 的文件是 ESRI 的一种通用交换格式文件。其通过明码的方式表达了 Arc/Info 中几乎所有的矢量格式以及属性信息，广泛应用在与其他软件进行数据交换。但 ESRI 没有提供有关的格式说明。可以用于通过 E00 格式文件建立与 ESRI 系列软件之间的数据交换。

b. Coverage：一种拓扑数据结构。数据结构复杂，属性缺省存储在 Info 表。目前 ArcGIS 中仍有部分分析操作只能基于此数据格式进行。Coverage 是 ArcInfo workstation 的原生数据格式。之所以被称为"基于文件夹的存储"，是因为在 Windows 资源管理器下，它的空间信息和属性信息分别存放在两个文件夹。例如，在电脑 E：\ MyTest \ example 文件夹中有 3 个 Coverage，它们在 Windows 资源管理器下的状态是所有信息都以文件夹的形式存储。空间信息以二进制文件的形式存储在独立的文件夹，文件夹名称即为该 Coverage 名称，属性信息和拓扑数据则以 INFO 表的形式存储。Coverage 将空间信息与属性信息结合起来，并存储要素间的拓扑关系。然而，通过 ArcCatalog，能将存储空间信息的文件夹中的 Coverage 二进制文件与存储属性信息的 Info 文件夹中的 Info 表联合表达为 Coverage，当使用 ArcCatalog 对 Coverage 进行创建、移动、删除或重命名等操作时，前者将自动维护后者的完整性，将 Coverage 和 Info 文件夹中的内容同步改变。所以该操作一定要在 ArcCatalog 中进行。Coverage 是一个非常成功的早期地理数据模型，二十多年来深受用户欢迎，很多早期的数据都是 Coverage 格式。ESRI 不公开 Coverage 的数据格式，但提供 Coverage 格式转换的一个交换文件（interchange file，即 E00），并公开数据格式，这样就方便 Coverage 数据与其他格式数据之间的转换。Coverage 是一个集合，它可以包含一个或多个要素类。

c. 一个 ESRI 的 shape 文件包括一个主文件，一个索引文件和一个 dBASE 表。主文件是一个直接存取的变量记录长度文件，其中每个记录描述有它自己的 vertices 列表的 shape。在索引文件中，每个记录包含对应主文件记录离主文件头开始的偏移。dBASE 表包含一 feature，一记录的 feature 的特征，其中，几何和属性间的一一对应关系是基于记录数目的。在 dBASE 文件中的属性记录必须和主文件中的记录具有相同顺序。命名习惯所有文件名都符合任务 8.3 命名习惯。主文件，索引文件和 dBASE 文件有相同的前缀。前缀必须是由字符或数字（a－Z，0－9）开始，后跟 0 到 7 个字符（a－Z，0－9,），主文件的后缀是. shp，索引文件的后缀是. shx，dBASE 表的后缀是. dbf。其中，在对文件名敏感的操作系统中，文件名中的所有字母都是小写的。

d. Geodatabase：Geodatabase 是存储数据集的容器，同时将空间数据和属性绑定起来。拓扑数据也能够存储在 Geodatabase 中并对特性进行建模，如在表示道路交叉时可以对道路之间的相关性进行设定。在使用 Geodatabase 时，很重要的一点，要理解要素类（Feature Classes）是一系列要素，它以点、线或多边形的形式呈现。在使用 Shapefile 格式时每个文件只能存储一类要素，而 Geodatabase 却能在一个文件中存储多个或者多种类型要素。

②对于栅格数据，ArcGIS 的数据存储包括 TIFF、BMP、GIF、EMF、EPS、AI、PDF、SVG、JPEG、PNG 等格式。

【任务实施】

11.2.1 矢量数据转换

（1）启动 ViewGIS，查找路径，浏览文件，加载要进行转换的数据（如位于"…\ project11\ ViewGIS 数据与 ArcGIS 数据转换\ data\ 九潭工区.lay"）。

（2）右键单击数据名称"…\ project11\ ViewGIS 数据与 ArcGIS 数据转换\ data\ 九潭工区.lay"，弹出下拉菜单，左键单击选择【图层另存为】命令，打开【另存为】对话框。

（3）设置【另存为】对话框。查找路径，设置存放文件位置（如位于"…\ project11\ ViewGIS 数据与 ArcGIS 数据转换\ result\ "），确定文件名"九潭工区 0"，保存类型"* . shp"。

（4）左键单击【保存】按钮，则数据转换完成。

● **注意** 此处单击【保存】按钮后，系统会弹出提示"输出经纬度吗"，选择是，图形数据坐标转换为地理坐标，选择否，图形数据输出为投影坐标，一般情况下选择否。

11.2.2 栅格数据转换

（1）启动 ViewGIS，查找路径，浏览文件，加载要进行转换的数据（如位于"…\ project11\ ViewGIS 数据与 ArcGIS 数据转换\ data\ G－39. lay"）。

(2)右键单击数据名称"…\ project11\ ViewGIS 数据与 ArcGIS 数据转换\ data\ G - 39. lay",弹出下拉菜单,左键单击选择【图层另存为】命令,打开【另存为】对话框。

(3)设置【另存为】对话框。查找路径,设置存放文件位置(如位于"…\ project11\ ViewGIS 数据与 ArcGIS 数据转换\ result\"),确定文件名"G - 390",保存类型"*. tif"。

(4)左键单击【保存】按钮,则数据转换完成。

● 注意 对于 ViewGIS 数据与 ArcGIS 数据转换,不论矢量数据还是栅格数据,在转换过程中,其投影信息都会丢失。数据转换完成后,需要重新进行定义投影,找回数据的原投影信息,即原坐标系统。

任务 11.3 GPS 数据在 ArcGIS 中的应用

【任务描述】

由于 GIS 海量数据处理能力,3S 集成技术(遥感 RS、地理信息系统 GIS、全球定位系统 GPS)越来越应用于生产实际。在林业生产中,采用 GPS 定位和导航技术进行森林位置和面积测绘、苗圃地测设、植物群落分布区域的确定、土壤类型的分布调查、境界勘测等工作。要利用测定后的数据,需将其导入到 GIS 进行处理。本任务即基于此,提供 GPS 测量数据(一测量点与一采集图),要求把测量的 GPS 数据导入到 GIS 中。通过任务的完成,掌握 GPS 数据在 ArcGIS 中应用,能够独立进行操作,并灵活应用于生产实际。

【知识准备】

(1)GPS 概念与组成

GPS 全球定位系统,是指由美国投资 130 亿美元建立起来的服务于全球的卫星导航与定位系统。全球定位系统(global positioning system,GPS)是一种可以定时和测距的空间交会定点的导航系统。

GPS 定位系统由三部分组成,即由 GPS 卫星组成的空间星座部分、由若干地面站组成的地面监控系统、以接收机为主体的广大用户部分,三者既有各自独立的功能和作用,又是有机地配合而缺一不可的整体系统。

(2)GPS 定位系统的特性

①定位精度高 相对定位精度:<50km 的基线已达到 2ppm。

②适应性强 该系统有 24 颗 GPS 卫星均匀分布天空,故该系统具有全天候、全球性、实时连续的精密三维导航和定位能力,适应性强。

③自动化程度高 GPS 接收机已制造成"傻瓜型",仪器安置好后,仅仅按一下电源开关健,仪器即启动开始工作,当约定时间一到或信号量批示灯闪烁时,关闭电源即可。

④经济效益高 与传统测量方法相比,GPS 定位无须点间通视、不强调图形条件、不必建造昂贵的觇标,选点灵活,外业工作量少,比常规方法快 3 ~ 5 倍,使工期大大缩短,可节省 70% ~ 80% 的工程费用。

⑤保密性好 GPS 卫星的信号采用伪随机噪声码技术,使 GPS 的信号深埋于噪声之中;因而具有良好的抗干扰能力和保密性能。

（3）全球定位系统（GPS）的发展

GPS 整个发展计划分三个阶段实施：

①1973—1978 年为原理可行性验证阶段，组织海陆空三军开始策划、研制；

②1978 年 2 月 2 日至 1989 年间发射了 11 颗 GPS 卫星进行系统实验，称为 Block I 。

③1989 年 2 月 14 日至 1994 年 3 月 9 日为工程发展与完成阶段，共发射了 24 颗正式工作的 GPS 卫星。

总之，24 颗正式工作的 GPS 卫星的成功发射，标志着 GPS 已配置完毕。整个计划历时 20 年，耗资 130 多亿美元。是继阿波罗计划、航天飞机计划之后的又一庞大空间计划。

（4）全球定位系统（GPS）的应用

①建立或改善各种规模、等级的大地控制网；

②在地球动力学研究方面，精确测定地球板块间的相对滑动、俯冲、变形及构造活动情况；

③监测地球极移现象；

④使海岛、海洋、海面地形图测绘变得十分方便；

⑤在工程勘测、放样、变形监测等方面应用广泛；

⑥ GPS 与 RS、GIS、DPS（航测数字化成图系统）、DS（专家系统）集成，其应用领域十分广泛；

⑦在生物科学、导游以及人们日常生活等方面也应用广泛；

⑧国土资源调查；

⑨车辆交通管理。

【任务实施】

11.3.1　采集点（电子表）导入 ArcGIS

（1）准备数据，把采集好的点整理输入到电子表格，即 Excel 表格。

● 注意　整理输入的表，要包括点号和坐标，坐标一般选择投影坐标，如果没有投影坐标，就需要转换成为投影坐标。

（2）启动 ArcMap，在菜单栏，左键单击【文件】→【添加数据】→【添加 XY 数据】命令，弹出【添加 XY 数据】对话框。

（3）设置【添加 XY 数据】对话框。

①查找路径，浏览文件（如位于"… \ project11 \　GPS 数据在 ArcGIS 中应用 \ data \ data1（电子表）\ 天麟后山坐标 . xls"），在【从地图中选择一个表或浏览到另一个表】中输入表"1 $"。

②在【指定 X、Y 和 Z 坐标字段】列框中，设置 X 字段："X 坐标"，Y 字段："Y 坐标"，Z 字段："无"。

（4）单击【确定】按钮，则点数据导入到 ArcMap，如图 11-8 所示。

（5）添加相应的地形图或小班图，进行相应的编辑，例如，可以把点连成线或面，进行长度或面积测量等。

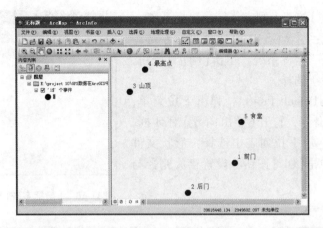

图 11-8　采集点导入到 ArcMap

11.3.2　采集图(电子表)导入 ArcGIS

随着 GPS 技术的发展,其产品也日渐更新便捷。GPS 接收机不单单只是采集到点,而是采集点、线、面都可以,并且有相应的后处理软件。则其测量的 GPS 数据导入到 Arc-GIS,需要在其后处理软件中对采集数据进行相应的坐标系统转换,导出为 ∗.shp 文件,即可在 ArcGIS 中打开进行相应的编辑处理。本任务以合众思状 GPS 接收机为例进行介绍。

(1)安装 GPS 接收机后处理软件 Unistrong_ GIS_ Office。

(2)打开 Unistrong_ GIS_ Office,左键单击打开图标 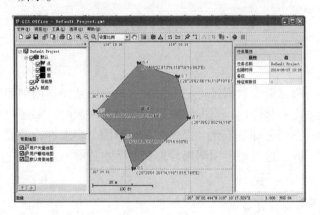,添加测量数据"Default Project. gmt",如图 11-9 所示。

图 11-9　在 Unistrong_ GIS_ Office 中打开采集图

(3)在菜单栏,左键单击【选项】→【坐标系统】命令,打开【坐标系统[WGS 84]】对话框,如图 11-10 所示。

(4)在对话框工具栏,左键单击【添加】图标,打开【坐标系统向导】对话框,单击【下一步】按钮,按照步骤提示,完成设置坐标系统名称,设置转换参数等,如图 11-11、图 11-12 所示。

（5）单击【确定】按钮，则完成转换坐标系统。

（6）在【坐标系统［WGS 84］】对话框，左键单击选中"54 系 39 带"坐标系统，单击【确定】按钮，则完成转换坐标系统选择。

（7）右键单击 Default Project，弹出下拉菜单，左键单击【导出】命令，打开【导出向导】对话框，在【请选择导出类型】下拉列表中选择：形状文件（∗.Shp），左键单击【OK】按钮，设置存放路径与文件名称即可。

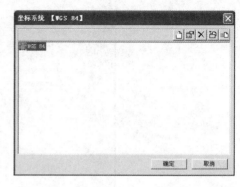

图 11-10 【坐标系统［WGS 84］】对话框

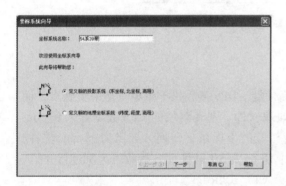

图 11-11 设置坐标系统名称

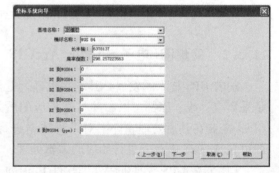

图 11-12 设置坐标系统转换参数

（8）启动 ArcMap，添加转换数据，添加相应的地形图或小班图，进行相应编辑。

任务 11.4 地形图图幅号查询

【任务描述】

在应用 GIS 进行森林资源数据管理与分析时，地形图是经常用到的底图数据。在应用时，经常是多幅地形图一起应用，当多幅地形图拼接在一起时，每一幅地形图图幅号的查询就变得非常困难。本任务即基于此，提供多幅地形图，要求进行图幅号的查询，通过任务的完成，掌握在 GIS 中进行地形图图幅号查询的基本技能，并灵活应用于生产实际。

【知识准备】

（1）地形图概念与比例尺分类

地形图，是指在图上表示地物位置，又用等高线表示地貌形状的图（1∶1 万地形图）。

按比例尺的大小分为大、中、小三类。大比例尺地图指比例尺大于等于 1∶10 万的地图；中比例尺地图指比例尺在 1∶10 万至 1∶100 万的地图；小比例尺地图指比例尺小于等于 1∶100 万的地图

（2）地物在地形图上表示方法

地面上各种不同形状物总称为地物。例如，水准点、房屋、烟囱、县界、村界、道

路、森林、水系等。

①依比例符号　地物较大，按实际形状、大小进行绘制。例如，房屋，河流，森林。

②非比例符号　地物较小，但很重要，用特定的符号表示，位置为几何重心点，例如，独立树，纪念碑。

③半依比例符号　成带狭长地物，长度按实际绘制，但宽度不能按实际绘制。例如，1:5 万地形图，15 米河宽只能用半依比例符号表示。

(3)地貌在地形图上表示方法

地球表面起伏的形态，称地貌。地貌采用等高线表示。

①地貌的基本形态

a. 山　较四周显著凸出的高的地方，称山，大的称岳或岭，小的称丘或岗。连绵不断的大山称山脉，山的最高点称为山顶，呈尖锐状的山顶称为山峰。

b. 山脊　由山顶向某个方向延伸的凸陵部分称山脊。山脊上最高点的连线称山脊线，雨水以山脊为界向两侧流向山谷，山脊线又称分山线，山脊两侧称山坡，山坡与平地相接的部分称山脚或山麓。

c. 山谷　延伸在两山脊之间的低凹部分称山谷。山谷内最低点的连线称山谷线，或集水线，是两侧谷坡相交处的谷底部分。山谷的最低处称谷口，最高处称谷源。

d. 鞍部　相邻两个山顶之间的低洼处，形似马鞍状地貌，称鞍部。鞍部既是山谷的发源地，又是山脊的低凹处，山脊线和山谷线的交叉处必定是鞍部，或者说，在山脊线低凹部分两侧有两个山谷。

f. 盆地　四周高中间低，大而深的称盆地，小而浅的称洼地，很小的称坑，湖就是有水的盆地。

特殊地貌：如雨裂，冲沟，绝壁，悬崖，陡坡，梯田。雨水冲刷成狭小而下凹部分称雨裂，雨裂逐渐扩张成冲沟；陡峭岩壁称绝壁或峭壁，下部凹进的绝壁称悬崖；山坡局部地方形成垂直地形称陡坎。

②等高线

地面上高程相同的各相邻点连成的闭合曲线，称等高线。

a. 等高距　相邻两条等高线之间的高差为等高距。同一张地形图等高距相同，如：1:1 万地形图等高距一般为 5m 或 10m。

b. 等高线平距　相邻等高线之间的水平距离称等高线平距。如等高线平距为 10m。等高线平距与坡度有关，坡度越大，等高线平距越小，等高线越密集；反之大而稀疏。

c. 等高线种类　首曲线：(基本等高线)根据选定的等高距绘制的等高线。如 5m 等高距的 1:1 万地形图，首曲线为：105、110、115、120。

计曲线：(加粗等高线)一段逢 5 倍等高距的等高线加粗描绘，并在等高线上注记高程值。如 1:1 万地形图计曲线为：100、125、150、175、200。

间曲线：1/2 基本等高距描绘的等高线称间曲线，也称半距等高线，用长虚线表示。

助曲线：1/4 基本等高距描绘的等高线称助曲线。用短虚线表示。

d. 等高线特性　同一条等高线上所有点高程相同，但高程相同地面点不一样在同一条等高线上；等高线是闭合的；等高线不相交；山脊线、山谷线均于等高线成正交(图 11-13)。

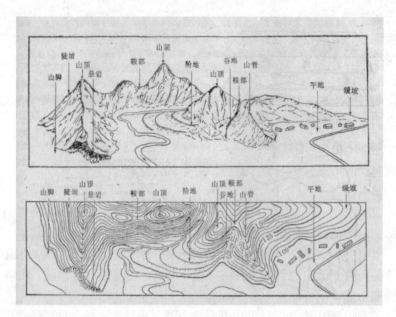

图 11-13　用等高线表示典型地貌

（4）原地形图分幅和编号

①1:100 万地形图分幅和编号（图 11-14）　按经差 6°、纬差 4°划分。由经度 180°起，自西向东每隔经度 6°划分为一列，全球划分 60 纵行，序列号 1.2.3 …60；由赤道起，向南，向北按纬差 4°划分 22 横行，依次用 A.B…V 为序号。例如，J－50。

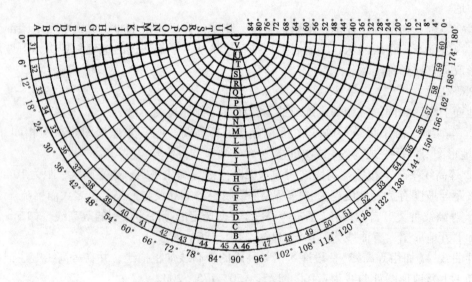

图 11-14　1:100 万地形图分幅和编号

②1:50 万、1:20 万、1:10 万地形图分幅和编号　皆在 1:100 万地形图基础上，再进行分幅编号。

1:50 万地形图：按纬差 2°，经差 3°，一幅 1:100 万分 4 幅，以 A，B，C，D 表示，

如 J – 50 – A。

1:20 万地形图：按纬差 40′，经差 1°，一幅 1:100 万分 36 幅，以（1）（2）…（36）表示，如 J – 50 –（16）。

1:10 万地形图（图 11-15）：按纬差 20′，经差 30′，一幅 1:100 万分 144 幅，以 1，2，3…144 表示，如 J – 50 – 92。

③1:5 万、1:2.5 万、1:1 万地形图分幅和编号：皆在 1:10 万地形图基础上分幅编号。

1:5 万地形图：按纬差 10′，经差 15′，一幅 1:10 万地形图分 4 幅，以 A、B、C、D 表示，如 J – 50 – 92 – A。

1:2.5 万地形图：按纬差 5′，经差 7′30″，一幅 1:5 万分 4 幅，以 1，2，3，4 表示，如 J – 50 – 92 – A – 2。

1:1 万地形图（图 11-16）：按纬差 2′30″，经差 3′45″，一幅 1:10 万分 64 幅，以 1，2，3…64 表示，如 J – 50 – 92 –（3）。

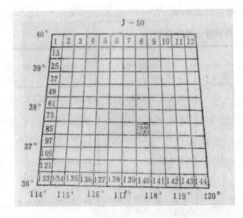

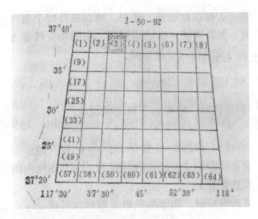

图 11-15　1:10 万地形图分幅和编号　　　图 11-16　1:1 万地形图分幅和编号

④各种比例尺地形图分幅和编号（表 11-1）。

表 11-1　各种比例尺地形图分幅和编号

比例尺	经差	纬差	分幅编号	示例
1:100 万	6°	4°	横列号 A，B，C… 纵行号 1，2，3…60	J – 50
1:50 万	3°	2°	A，B，C，D	J – 50 – D
1:20 万	1°	40′	（1）（2）…（36）	J – 50 –（22）
1:10 万	30′	20′	1，2，3…144	J – 50 – 92
1:5 万	15′	10′	A，B，C，D	J – 50 – 92 – A
1:2.5 万	7′30″	5′	1，2，3，4	J – 50 – 92 – A – 3
1:1 万	3′45″	2′30″	（1）（2）…（64）	J – 50 – 92 –（3）

（5）新地形图分幅和编号

①国家基本比例尺地形图　国家标准 1:1 万、1:2.5 万、1:5 万、1:10 万、1:20 万、

1:50万、1:100 万。

②地形图的分幅　各种比例尺地形图均以 1:100 万地形图为基础图，沿用原分幅各种比例尺地形图的经纬差，全部由 1:100 万地形图按相应比例尺地形图的经纬差逐次加密划分图幅，以横为行，纵为列。

③地形图的编号　a. 100 万地形图新的编号方法，除行号与列号改为连写外，没有任何变化，例如，北京所在的 1:100 万地形图的图号由 J－50 改写为 J50。

b. 50 万至 1:5000 地形图的编号，均以 1:100 万地形图编号为基础，采用行列式编号法，将 1:100 万地形图按所含各种比例尺地形图的经纬差划分成相应的行和列，横行自上而下，纵列从左到右，按顺序均用阿拉伯数字编号，皆用 3 位数字表示，凡不足 3 位数的，则在其前补 0。

例如，G50G012056 图号，表示该图由五个元素 10 位码构成。从左向右，第一元素 1 位码为 1:100 万图幅行号字符码；第二元素 2 位码为 1:100 万图幅列号数字码；第三元素 1 位码为地形图相应比例尺代码；第四元素 3 位码为地形图图幅行号数字码；第五元素 3 位码为地形图图幅列号数字码。

【任务实施】

（1）启动 ArcCatalog，新建一面图层文件（＊.shp），设置保存路径与文件名称（如"…\ project11 \ 地形图图幅号查询 \ result \ 图幅号查询.shp"），并选择与地形图相同的坐标系统。具体操作参考"任务 3.1 Shapefile 文件的创建与管理、任务 4.1 定义投影"。

（2）启动 ArcMap，添加地形图数据文件，添加新建面图层文件"图幅号查询.shp"。

（3）加载【编辑器】工具→【开始编辑】，根据地形图数据排列分布，完成面图层文件的创建，如图 11-17 所示。

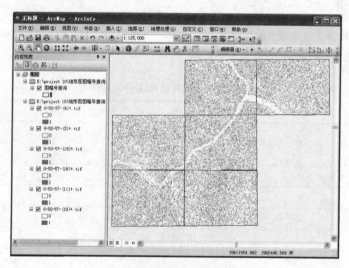

图 11-17　创建面图层文件"图幅号查询.shp"

（4）在编辑器工具条，左键单击【编辑器】→【停止编辑】命令，并保存编辑内容。打开面图层文件"图幅号查询.shp"的属性表并添加字段。在【表】对话框，左键单击【表】→【添加字段】命令，打开【添加字段】对话框并填写，添加字段【名称】"图幅号"，【类型】"文本"，【字段属性长度】"20"，如图 11-18 所示，单击【确定】按钮，则添加字段成功。

（5）左键单击【编辑器】→【开始编辑】命令，根据地形图图幅号，在图幅号字段填写每条记录的图幅号信息，如图 11-19 所示，添加完成后，关闭【表】。

（6）在 ArcMap【内容列表】，右键单击"图幅号查询.shp"名称，弹出下拉菜单，在下拉菜单，左键单击选择【属性】命令，打开【图层属性】对话框，并切换到【标注】选项卡。

（7）在【标注字段】下拉列表选择"图幅号"，设置【文本符号】，包括字体、颜色、大小等，勾选"标注此图层中的要素"，如图 11-20 所示。

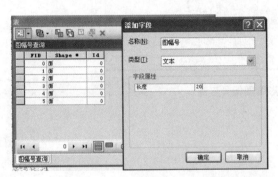

图 11-18 【添加字段】对话框

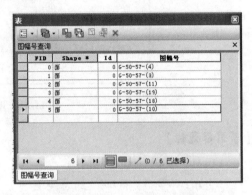

图 11-19 在表中添加图幅号信息

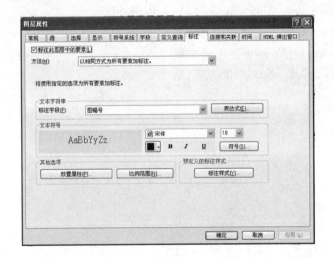

图 11-20 设置【标注】选项卡

（8）单击【确定】按钮，则完成设置，同时各地形图的图幅号也显示在 ArcMap 数据视图，如图 11-21 所示。

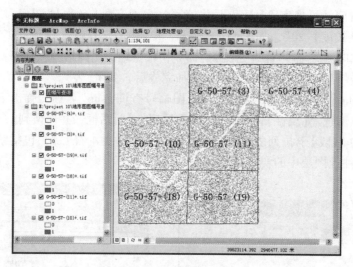

图 11-21　地形图图幅号查询

【学习资源库】

1. www.3s001.com　地信网

2. http：//3ssky.com/　遥感测绘网

3. http：//www.gisrorum.net　地理信息论坛

4. http：//training.esrichina-bj.cn/ESRI　中国社区

5. http：//www.youku.com ArcGIS10　视频教程专辑

6. http：//wenku.baidu.com/　百度文库

7. http：//www.gissky.net/　GIS 空间站

参考文献

边馥苓.1996.地理信息系统工程[M].北京：测绘出版社.

陈述彭.1992.地学的探索[M].北京：科学出版社.

陈述彭.1995.地球信息科学与区域持续发展[M].北京：测绘出版社.

陈文伟.1996.决策支持系统及其开发[M].北京：清华大学出版社.

宫鹏.1996.城市地理信息系统：方法与应用[M].中国海外地理信息系统协会.

黄杏元，汤勤.1989.地理信息系统概论[M].北京：高等教育出版社.

黄杏元、马劲松、汤勤.2002.地理信息系统概论[M].北京：高等教育出版社.

李云平，韩东峰.2015.林业"3S"信息技术[M].北京：中国林业出版社.

廖永峰.2010.林业3S技术[M].杨凌：西北农林科技大学出版社.

林辉.1991.地理信息系统的发展与前景[M].北京：科学出版社.

刘南，刘仁义.2002.地理信息系统[M].北京：高等教育出版社.

牟乃夏，刘文宝，王海银，等.2013.ArcGIS10 地理信息系统教程——从初学到精通[M].北京：测绘出版社.

汤国安，杨昕.2012.ArcGIS 地理信息系统空间分析实验教程[M].2版.北京：科学出版社.

王燕.1997.面向对象的理论与 C^{++}实践[M].北京：清华大学出版社.

邬伦，任伏虎，谢昆青，等.1994.地理信息系统教程[M].北京：北京大学出版社.

吴秀芹，张洪岩，李瑞改，等.2007.ArcGIS9 地理信息系统应用与实践[M].北京：清华大学出版社.

袁博，邵进达.2006.地理信息系统基础与实践[M].北京：国防工业出版社.

赵鹏翔，李卫中.2004.GPS 与 GIS 导论[M].杨凌：西北农林科技大学出版社.

周成虎.1995.地理信息系统的透视——理论与方法[J].地理学报，50(增刊)：1-12.

ArcGIS 中拓扑查询[DB/OL] http://desktop.arcgis.com/zh – cn/arcmap/10.3/manage – data/topologies/an – overview – of – topology – in – arcgis.htm#GUID – BB4677C5 – 0CAC – 4799 – 995B – 078E49D52A48

空间数据查询[DB/OL] http://www.nmgch.com.cn/showp.aspx? clas = chkj&cla = xslw&Num = 593

属性表编辑维护[DB/OL] http://read.pudn.com/downloads108/ebook/443850/RACGIS/USE_AG04_%E5%B1%9E%E6%80%A7%E7%BB%B4%E6%8A%A4.pdf

Arcgis 数据格式[DB/OL] https://wenku.baidu.com/view/1013cf4a852458fb770b56ce.html